U0394755

金华火腿腌制技艺

金华火腿腌制技艺

总主编 金兴盛

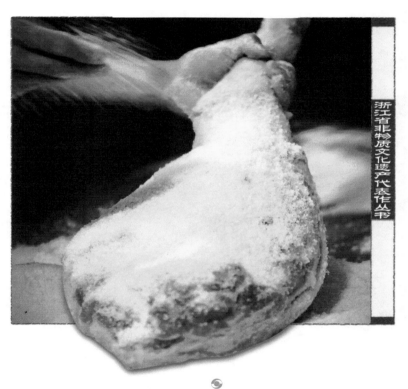

浙江省非物质文化遗产代表作丛书

浙江摄影出版社

宣炳善 编著

总 序

中共浙江省委书记　夏宝龙
省人大常委会主任

非物质文化遗产是人类历史文明的宝贵记忆，是民族精神文化的显著标识，也是人民群众非凡创造力的重要结晶。保护和传承好非物质文化遗产，对于建设中华民族共同的精神家园、继承和弘扬中华民族优秀传统文化、实现人类文明延续具有重要意义。

浙江作为华夏文明发祥地之一，人杰地灵，人文荟萃，创造了悠久璀璨的历史文化，既有珍贵的物质文化遗产，也有同样值得珍视的非物质文化遗产。她们博大精深，丰富多彩，形式多样，蔚为壮观，千百年来薪火相传，生生不息。这些非物质文化遗产是浙江源远流长的优秀历史文化的积淀，是浙江人民引以自豪的宝贵文化财富，彰显了浙江地域文化、精神内涵和道德传统，在中华优秀历史文明中熠熠生辉。

人民创造非物质文化遗产，非物质文化遗产属于人民。为传承我们的文化血脉，维护共有的精神家园，造福子孙后代，我们有责任进一步保护好、传承好、弘扬好非物质文化遗产。这不仅是一种文化自觉，是对人民文化创造者的尊重，更是我们必须担当和完成好的历史使命。对我省列入国家级非物质文化遗产保护名录的项目一项一册，编纂"浙江省非物质文化遗产代表作丛书"，就是履行保护传承使命的具体实践，功在当代，惠及后世，有利于群众了解过去，以史为鉴，对优秀传统文化更加自珍、自爱、自觉；有利于我们面向未来，砥砺勇气，以自强不息的精神，加快富民强省的步伐。

党的十七届六中全会指出，要建设优秀传统文化传承体系，维护民族文化基本元素，抓好非物质文化遗产保护传承，共同弘扬中华优秀传统文化，建设中华民族共有的精神家园。这为非物质文化遗产保护工作指明了方向。我们要按照"保护为主、抢救第一、合理利用、传承发展"的方针，继续推动浙江非物质文化遗产保护事业，与社会各方共同努力，传承好、弘扬好我省非物质文化遗产，为增强浙江文化软实力、推动浙江文化大发展大繁荣作出贡献！

（本序是夏宝龙同志任浙江省人民政府省长时所作）

前 言

浙江省文化厅厅长 金兴盛

国务院已先后公布了三批国家级非物质文化遗产名录,我省荣获"三连冠"。国家级非物质文化遗产项目,具有重要的历史、文化、科学价值,具有典型性和代表性,是我们民族文化的基因、民族智慧的象征、民族精神的结晶,是历史文化的活化石,也是人类文化创造力的历史见证和人类文化多样性的生动展现。

为了保护好我省这些珍贵的文化资源,充分展示其独特的魅力,激发全社会参与"非遗"保护的文化自觉,自2007年始,浙江省文化厅、浙江省财政厅联合组织编撰"浙江省非物质文化遗产代表作丛书"。这套以浙江的国家级非物质文化遗产名录项目为内容的大型丛书,为每个"国遗"项目单独设卷,进行生动而全面的介绍,分期分批编撰出版。这套丛书力求体现知识性、可读性和史料性,兼具学术性。通过这一形式,对我省"国遗"项目进行系统的整理和记录,进行普及和宣传;通过这套丛书,可以对我省入选"国遗"的项目有一个透彻的认识和全面的了解。做好优秀传统文化的宣传推广，为弘扬中华优秀传统文化贡献一份力量，这是我们编撰这套丛书的初衷。

地域的文化差异和历史发展进程中的文化变迁，造就了形形色色、别致多样的非物质文化遗产。譬如穿越时空的水乡社戏，流传不绝的绍剧，声声入情的畲族民歌，活灵活现的平阳木偶戏，奇雄慧黠的永康九狮图，淳朴天然的浦江麦秆剪贴，如玉温润的黄岩翻簧竹雕，情深意长的双林绫绢织造技艺，一唱三叹的四明南词，意境悠远的浙派古琴，唯美清扬的临海词调，轻舞飞扬的青田鱼灯，势如奔雷的余杭滚灯，风情浓郁的畲族三月三，岁月留痕的绍兴石桥营造技艺，等等，这些中华文化符号就在我们身边，可以感知，可以赞美，可以惊叹。这些令人叹为观止的丰厚的文化遗产，经历了漫长的岁月，承载着五千年的历史文明，逐渐沉淀成为中华民族的精神性格和气质中不可替代的文化传统，并且深深地融入中华民族的精神血脉之中，积淀并润泽着当代民众和子孙后代的精神家园。

岁月更迭，物换星移。非物质文化遗产的璀璨绚丽，并不意味着它们会永远存在下去。随着经济全球化趋势的加快，非物质文化遗产的生存环境不断受到威胁，许多非物质文化遗产已经斑驳和脆弱，假如这个传承链在某个环节中断，它们也将随风飘逝。尊重历史，珍爱先人的创造，保护好、继承好、弘扬好人民群众的天才创造，传承和发展祖国的优秀文化传统，在今天显得如此迫切，如此重要，如此有意义。

非物质文化遗产所蕴含着的特有的精神价值、思维方式和创造能力，以一种无形的方式承续着中华文化之魂。浙江共有国家级非物质文化遗产项目187项，成为我国非物质文化遗产体系中不可或缺的重要内容。第一批"国遗"44个项目已全部出书；此次编撰出版的第二批"国遗"85个项目，是对原有工作的一种延续，将于2014年初全部出版；我们已部署第三批"国遗"58个项目的编撰出版工作。这项堪称工程浩大的工作，是我省"非遗"保护事业不断向纵深推进的标识之一，也是我省全面推进"国遗"项目保护的重要举措。出版这套丛书，是延续浙江历史人文脉络、推进文化强省建设的需要，也是建设社会主义核心价值体系的需要。

在浙江省委、省政府的高度重视下，我省坚持依法保护和科学保护，长远规划、分步实施，点面结合、讲求实效。以国家级项目保护为重点，以濒危项目保护为优先，以代表性传承人保护为核心，以文化传承发展为目标，采取有力措施，使非物质文化遗产在全社会得到确认、尊重和弘扬。由政府主导的这项宏伟事业，特别需要社会各界的携手参与，尤其需要学术理论界的关心与指导，上下同心，各方协力，共同担负起保护"非遗"的崇高责任。我省"非遗"事业蓬勃开展，呈现出一派兴旺的景象。

"非遗"事业已十年。十年追梦，十年变化，我们从一点一滴做起，一步一个脚印地前行。我省在不断推进"非遗"保护的进程中，守护着历史的光辉。未来十年"非遗"前行路，我们将坚守历史和时代赋予我们的光荣而艰巨的使命，再坚持，再努力，为促进"两富"现代化浙江建设，建设文化强省，续写中华文明的灿烂篇章作出积极贡献！

2013年11月20日

目录

金华火腿的历史渊源

金华火腿始于唐代，距今已有一千多年的历史。金华火腿是金华最具特色、最享有盛誉的地方特产，也是中国火腿的杰出代表。金华火腿早在清代就已成为中国火腿的代表在国际舞台上亮相。在中国的三大火腿系列中，金华火腿一直排名第一，成为中国火腿的杰出代表。

金华火腿的历史渊源

[壹]金华火腿概述

当一位外地游客坐在金华的茶馆里，端起婺州窑出品的青瓷碗，品一壶婺州举岩，听上一曲金华方言演唱的金华道情，再尝一口金华产的黄酒——金华府酒，点一份金华火腿特色菜——蜜汁火方，如果再去金华大剧院看上一出传统的婺剧，就能深切感受到金华人生活的安逸与从容。婺州举岩茶制作技艺、金华道情、金华酒酿造技艺、婺剧、金华火腿腌制技艺这五个地方传统文化项目都列入了国家级非物质文化遗产名录，而在这众多的金华非物质文化遗产名录中，金华火腿已成为金华城市的符号象征。

中国的三大火腿，分别是浙江金华火腿、云南宣威火腿、江苏如皋火腿。在中国的三大火腿中，金华火腿居于三大火腿之首。自明清以来，金华火腿就已成为中国火腿的杰出代表，是中国饮食文化的民族品牌。在浙江省，金华火腿则与西湖龙井、绍兴黄酒并称"浙江三宝"。金华火腿在中国历史上享有盛名。光绪三十一年（1905年），金华火腿在德国莱比锡万国博览会上获金奖；1915年，在美国旧金山巴拿马国际商品博览会上再获金奖；1929

年，在杭州西湖博览会中获商品质量特别奖；1981 年，获国家金质奖。这些荣誉的获得，是中国人在肉类食品加工制造历史上长期经验积累的结晶，也集中体现了中国人的生活智慧与饮食风尚。

金华市位于浙江省中部，地处金衢盆地东段，境内江河纵贯，群山环绕。金衢盆地东北部的金华山是国家级森林公园，著名的双龙洞就坐落在金华山南坡。叶圣陶先生的游记散文《记金华的两个岩洞》，后来收入全国小学语文课本时改名为《记金华的双龙洞》，写的就是金华山的双龙洞。由于这个原因，双龙洞在全国也具有一定的社会知名度。

金华居浙江中部，其地理位置具有交通与军事的特别意义。春秋时期金华属于越国的西界，《尚书·禹贡》一书中记载则属于扬州。公元前 222 年，在金华一带设置乌伤县，隶属于会稽郡。汉献帝初平三年（192 年），分乌伤县南乡置长山县，即今金华县。三国吴宝鼎元年（266 年），吴帝孙皓分会稽郡西部立东阳郡。因金华在长山之阳、双溪之东，故名"东阳"，东阳郡治所在长山县。"长山"即金华山，民间俗称"北山"。南朝文学家沈约曾任东阳郡太守。南朝梁时又改为金华郡。《玉台新咏序》记载："金星与婺女争华，故名'金华'。"这就是"金华"得名的由来。

金华是国家级历史文化名城，在隋代称为"婺州"，以后一直沿用这一称呼，金华今仍有婺城区的行政设置，在金华城北，至今还有婺州公园对市民免费开放。隋开皇九年（589年）又将金华改为婺州，盖取其地于天文为牵牛、婺女之分野。所以，《玉台新咏》所述"金星"实为"牵牛星"的文学美化。唐宋时期乃至元代仍沿袭婺州之称，明清时期又改为金华府。

明成化八年（1472年），金华府辖金华、兰溪、东阳、义乌、永康、武义、浦江、汤溪八县。后汤溪县裁撤，新增磐安县。古代金华府所辖金华、兰溪、汤溪、东阳、义乌、浦江、武义、永康八县均产火腿，金华在隋唐也称为婺州，所以金华下属的八个县，史称"八婺"。八婺大地，是金华火腿的发源地，一方水土养一方人，也正是这得天独厚的金衢盆地孕育了"金华火腿"这一民族品牌。

"水通南国三千里，气压江城十四州"，是南宋女词人李清照歌咏金华的千古绝唱，气势磅礴，写出了金华的大格局、大气象。金华人初次与外地人见面介绍自己的家乡时，一般都会提到金华火腿，而外地人第一句评价金华城市的话语也往往是："出金华火腿的地方！"也就是说在外地人的心目中，金华火腿是金华的城市象征，也是金华的形象代表。

金华火腿始于唐代，距今已有一千多年的历史。金华火腿是金华最具特色、最享有盛誉的地方特产，也是中国火腿的杰出代表。金华火腿早在清代就已成为中国火腿的代表在国际舞台上亮相。在中国的三大火腿系列中，金华火腿一直排名第一，成为中国火腿的杰出代表。1981年初，金华火腿参加首届全国火腿国家质量奖评选，浙江金华火腿领先于云南宣威火腿、江苏如皋火腿获得金奖。

[贰]金华火腿的传说与历史

在金华的民间传说中，金华火腿的来历与南宋抗金名将宗泽有关。宗泽（1060—1128年），北宋末、南宋初年抗金名将，字汝霖，金华府义乌人，同进士出身。宋金战争爆发后，建炎元年（1127年）六月，宗泽升任东京留守兼开封府尹，募兵积粮，整顿城防，任用岳飞等一批将领积极抗金，深受百姓拥戴。宗泽曾多次力主还都东京并制定了收复中原方略，并有《宗忠简公集》传世。《浙江省民间文学集成·金华市故事卷》（中国民间文艺出版社，1989年版）一书的"土特产传说"一栏中记载了金华火腿来历的六则传说，内容各不相同。本书介绍其中的两则传说。第一则是关于义乌宗泽火腿的传说，其内容如下：

北宋末年，女真南侵，兵荒马乱，国难临头，大宋朝廷中的高官大臣，逃的逃，走的走，散的散，那些奸臣叛贼更是投降的投降，暗通的暗通，都像是抱头雉鸡一样。就连康王赵构，也顾自南逃即位去了。俗话说得好，是铁是蜡火中分，乱世出英雄。当时，有个叫宗泽的将领，是金华府义乌人。他为人刚直，文武双全。眼看着大好河山就要落入女真人手中，就挺身而出，三番五次上疏朝廷，力主抗金，重整河山。那时朝里有位宰相叫李纲，他晓得宗泽一片忠义爱国之心，就向皇上力荐，让宗泽当上汴京留守兼开封府尹。宗泽拜了帅，就统率大军为国出力。

宗泽元帅手下有支特别精敏英勇的队伍，这支队伍是他从家乡金华、义乌一带招募去的子弟兵，个个身强力壮，拳术高强。子弟兵人人脸上刺了"赤心报国，誓杀金贼"八个字，立誓北上抗金收复河山。这就是历史上"威震河朔"的八字军。据传，后来金华、义乌一带乡里练拳习武的风尚，就是从这时兴起传下来的。

宗泽元帅军令一下，英勇的八字军就浩浩荡荡开赴抗金前线。八字军舞刀枪，入火海，直杀得金兵只顾抱头逃命。那逃不及的，就立地下跪，缴了刀枪，口中高呼："宗爷爷饶命！"就这样，三天一城，七天一镇，连战连捷，收复了大片河山。

不久，八字军夺回了京城，汴梁百姓过上安居乐业的好日子。汴梁恢复了元气，成了抗击女真入侵的铜墙铁壁。八字军威震北疆。

正当宗泽率领八字军连战连捷、乘胜杀敌时，朝廷里的奸贼张邦昌和黄潜善一伙，却暗地私通女真将领金兀术，企图给宗泽一条"借勤王抗金之名，营纠集匪寇谋反之实"的罪名，陷害宗泽。

张邦昌和黄潜善一伙奸臣一捣鬼，宗泽元帅的家乡，金华、义乌一带的情况就反常了。头半年，一张张捷报飞回家乡，一封封报喜的家书传到八字军亲人家里，封封书信讲的都是宗泽如何忠诚为国，八字军如何英勇杀敌。可是，捷报传过九回，家书到过九次，后半年却再也不见来了。乡亲们等呀等，盼呀盼，可是总不见亲人的音讯。

过了十月小阳春，家乡亲人正想筹办子弟兵的寒衣哩。这一天，忽然有人从县上带来了三封家书，众乡亲围着听音讯。谁知道封封说的是前线的困境，件件讲的是沙场的失利，人人骂的是宗泽背信变节投了金人。说如今宗泽一人在金营过着三天一小宴、五日一大宴的美日子，乐了他一人，苦了弟兄们。消息一传开，家乡雾腾腾，人心乱糟糟。

有人说："三岁看到老。宗泽自小为人正直，一条肚肠通到底。我看他只会血染沙场，不会叛国投敌。"有人说："宗泽许身忠心报国，决不会辱没祖宗，败祖宗门楣。"可是也有人说："县里府上也传说宗泽投靠金人去了。都说真刀真枪出英雄，金银宝贝面前卖祖宗。哪能保得住他不变心？"

宗泽的堂兄宗兴听到人们的谈论，心里就像刀剜一样，他一拍桌子大声说："我家汝霖（宗泽的字）向来正直仗义，说一不二。不说别的，单讲上回朝廷委派他去做和议使，跟敌国议和，他总是站着，不跟敌将平起平坐。如今说他投敌，享荣华富贵，绝不可能。耳闻是虚，眼见是实，我看大家还是回去抓紧置办寒衣和干粮。我亲自去走这一趟，如果传闻是实，我就拼了这六斤四两（指头颅）！如果传闻是假，这一程更值得走。大家看怎么样？"众乡亲听宗兴说得有理，一致赞同，就忙着分头准备去了。

探亲的人马汇齐了，人们按照家乡风俗，杀了肥猪，宰了白鹅，背上寒衣，带上粮草，告别了父老乡亲上路了。

路上，人们谈论天长日久这全猪全鹅怎样才能好好地送到开封子弟兵手里。宗兴说："我看买些盐来，像家里腌咸菜萝卜一样，擦擦腌腌，只要把原物送到亲人面前，就尽了大家的一番心意了！"一路上大家就按宗兴的主意做了。

走呀走，过了三府六县，大家怕日晒雨淋坏了猪肉、鹅肉，就又擦上了一层薄盐。就这样，过一站擦一次，把猪肉、鹅肉保管得好好的。

走呀走，终于到了开封地界，处处听得人们在谈论八字军的英勇善战，人人在称赞宗元帅的忠义爱国。探亲的人们得知子弟兵的真实消息，个个乐得合不拢嘴。只觉得两腿轻了，山山

反映宗泽用金华火腿劳军的雕塑

水水飞也似的往后移。走呀走，抬呀抬，众人闻到那些猪肉发出一阵阵咸香，熏得人香酥酥的。走呀走，抬呀抬，过了朱仙镇，来到黄龙寺，这就进了开封城啦！这一日，正好是新春闹元宵！汴梁城里放灯五日，只见家家户户挂灯，街街坊坊结彩。守城的军士一见家乡来的亲人，高高兴兴地把他们领到宗元帅帐下。

宗兴一把抱住住汝霖，把家乡发生的情况和乡亲们的来意，痛痛快快地诉说了一遍。原来那两个奸贼的一言一行，宗泽早有所知。他们劫军士家书，毁军事捷报，又来乡里造谣的诸多丑恶行径，就好像掰开的狗肉包子全露了馅。

乡亲们抬上家乡的全猪全鹅，献给了宗元帅。宗元帅非常高兴，就传令，将家乡亲人们送来的猪、鹅赏给军士们。

军士们吃着香气扑鼻、味道鲜美的腌肉，可就是叫不出名目来，都去问宗元帅。

宗元帅笑呵呵地回答说："亲人们千里迢迢，风餐露宿给我们送衣送肉，这猪前腿就叫'风腿'，这后腿就叫'露腿'吧。"

后来，军士们见"露腿"的肉像火一样鲜红，又改叫它"火腿"了。宗泽见军士兵喜欢吃腌猪肉，加上又能久藏远运，就叫家乡人每年大批腌制，送往军中，供军需食用。刀创枪伤的军士，吃了这肉，伤口好得快，愈得实呢！因为宗泽元帅家乡在义乌，旧属金华府，加上府属各县也相继兴起腌制火腿的行业，出产的火腿就统统称作"金华火腿"了。那猪前腿，至今还叫"风腿"。

正因为宗泽在历史上的地位与贡献，金华一带的民众对宗泽有相当高的认同度。据原金华火腿厂第一任厂长龚润龙《火腿情缘》（大众文艺出版社，2010 年版）一书介绍，1990 年，龚润龙曾提议以浙江省金华火腿研究所的名义向国家商标局申报"宗泽"牌火腿。1991 年春，由浙江省金华火腿研究所申报注册的"宗泽"牌火腿商标被国家商标核准注册。1992 年，"宗泽"牌火腿在全国市长年会上被评为优质产品，荣获金奖。至今，在金华还有东阳市宗泽火腿有限公司在制作火腿。金华民间传说将金华火腿与宋代抗金将领宗泽联系在一起，体现当地民众丰富的艺术想象力与对英雄人物的崇敬之情。

宗泽抗金的传说是一则宋代的传说，但金华火腿其实并不始于宋代。早在唐代，金华就有金华火腿，在金华民间也有关于唐代金华火腿的传说。《浙江省民间文学集成·金华市故事卷》一书也记载了唐代金华火腿的传说，其内容如下：

唐朝时候，婺州一带农村里，每户人家逢年过节都要杀猪，把猪腿挂在灶头上熏。这种熏腿常年不坏，味道特别好。

当时，兰溪有个姓郑的人，开了一家作坊，专门做熏制猪腿生意。他的熏腿与别人不同，专门采用青竹枝熏成，味道好，香味足，他就特意取了个名字叫"兰熏"。

有一年，婺州刺史晓得"兰熏"猪腿好吃，就派人传来话，限他在一月内送上"兰熏"十只，否则就来封门，不准再做生意。郑老板听了急得几夜都睡不着。他想熏一只腿，起码要一个月，十只一个月怎熏得起呢？可是，做官的一张口，说了就算数，老百姓哪能分辩？

这日，郑老板一早起来，坐在桌边发呆，老婆捧来一碗粥

叫他吃，叫了几次都没听见。正巧一道日光射到粥碗里，照得闪闪发光。他心里一亮：对，日头能晒燥衣裳，猪腿不是也能晒燥吗？他打定主意，把一只只腿用绳子吊起，挂在日头下晒。早上晒出，晚边收进，晒了十多天后，只见那些腿只只变得金黄火红，油光发亮，喷喷香。郑老板夫妻俩开心了，连夜把腿捆好，送到婺州刺史衙门。

这日，刚好是限期的最后一日，刺史坐在后堂专等"兰熏"送来。不多时，兰溪郑老板熏腿送到。刺史一看，火红金黄，油光发亮，觉得比原来的"兰熏"好得多了，感到奇怪，便问："这腿不像'兰熏'，到底是什么腿？"郑老板料到刺史要问，一路上早就想好回话，便讲："这腿在日头光下晒出来的，腿肉像火一样红，叫'火腿'。"刺史一听，眉开眼笑，连声说："好，好！真的是好火腿。"

后来，婺州刺史到京城当了大官，用日头光晒腿的方法也就被带到了江北。从此，火腿便广泛流传开了。

这则唐代传说，实际上点明了金华火腿最古老原始的制作方法，就是把猪腿挂在灶头上熏的方法，而在兰溪用青竹枝熏则是地方特色。后来由灶头熏制改为在日光下晒制的变化，是金华火腿制作技艺的一个重要转变。从熏制到晒制，表面上看是制作技艺的不同，其实，晒制的方式更适合大批量生产金华火腿，而熏制由于受到灶头空间的限制，制作数量不多，而且有温度、光照、空气流通等多方面的局限性。当然，熏制和晒制是制作金华火腿的不同的方式，但这两种制作方式却有一个相同点，就是上盐腌制。在熏制或晒制之前，都需要上盐腌制。可以说，在上盐腌制后，金华火腿的制作工艺就有所分化，也形成不同的风味。

金华火腿在古文献上一般称为"兰熏"，这说明最原始的金华火腿的制作技艺是在上盐腌制后采用熏制工艺而不是后来普遍采用的晒制工艺。采用熏制工艺的金华火腿由于火腿的表面积有烟灰，因此看上去不太美观，而采用晒制工艺的金华火腿色泽鲜艳似火，更具有审美价值。所以，从熏制到晒制的工艺变化也是很自然的工艺演化过程，这一演化过程可能在唐宋时期就已完成。

以上两则金华火腿传说，第一则是宋代的历史性传说，第二则是唐代的生活性传说，两则传说的侧重点不同，各有其代表性。但现在在金华民间，关于宋代宗泽的传说更为流行，其社会影响力也最大。关于唐代的传说则很少听到，其实第二则唐代传说才是金华火腿产生时最具有生活真实性的传说，而且这则传说还讲述了火腿制作技艺方法的变化。第一则传说将金华火腿与英雄人物宗泽联系在一起，两者相得益彰。历史人物宗泽因金华火腿的传说而更加广为人知，金华火腿也借宋代武将宗泽这一抗金民族英雄增添光彩，传统饮食的文化内涵也就更为丰富。现在在金华还有宗泽火腿有限公司，这也是对历史人物宗泽的美好纪念。

金华火腿生产年代久远，创自何人，始于何时，已无从确考。唐开元年间（713—741年）陈藏器《本草拾遗》一书记载："火骽，产金华者佳。"《本草拾遗》中的"火骽"就是指火腿。这说明在唐代开元时期，当时在全国已有火腿的生产，而在这些火腿品种之中，金华火腿的质量是十分突出的。这也说明唐代的金华火腿在全国已具有一定的认知度，并为医家所关注。

金华火腿通过不断的技艺改良，其质量也逐渐提高，在明代已成为国内有名的食品并成为进贡朝廷的贡品。"火腿"之名，在中国的历史文献中最早见于明代沈德符（1578—1642年）《万历野获编》一书。《野获编补遗·光禄官窃物》中记载：

> 万历十八年（1590年），光禄寺丞茅一柱盗署中火腿，为堂
> 官所奏，上命送刑部。

这则记载说明在明代的官方饮食中，已经有了火腿。当时火腿已是珍贵之物，多为官府所有。所以一个叫茅一柱的光禄寺丞偷了官署中的火腿，就意味着国有资产流失或者国有资产被盗，因此茅一柱最后被人告发，送往刑部受审。当然在这则记载中，

我们还不能完全确定这被盗的火腿是不是金华火腿，只能推测很有可能就是金华火腿。因为在明代，金华火腿在文献中多有记载而且成为火腿中的佳品，而且当时金华火腿产量很大，地方官员家中往往多有收藏。如明代李乐《见闻杂纪》（明代万历刻本）卷十第七十三条记载：

> 桐令高傅岩公，受乡士大夫、生员礼甚。狼藉金华火腿，至堆壁间。一日召木匠入衙，工毕，木匠恳其家人曰："我有子患痢，思此肉，乞一小块。"家人将一大只赏之，不知此须价四三钱也。

这段记载说的是高傅岩公作为一县之主得到了地方士人的尊敬，而且他家里藏有很多金华火腿。有一位木匠想要讨一小块金华火腿，结果高傅岩公的家人很慷慨地给了那个木匠整只金华火腿。这则记载说明，金华火腿还有治痢疾的功效。金华火腿确实具有一定的药用功能，所以唐代的《本草拾遗》以及清代的《本草纲目拾遗》等医药书都将金华火腿列为药物进行论述。关于金华火腿药食同源方面的内容，在后面讨论金华火腿的饮食文化传统时还会进一步展开分析。

在明代，金华火腿成为贡品进贡朝廷，地方文献中也称为"火

肉"，这可能是金华当地民众的称呼。《金华县志》"贡赋类"记载：
"万历六年（1578年）派办物料，火肉派自礼部。"万历三十四年
（1606年）《万历兰溪县志》也记载："肥猪、肥鹅、肥鸡、火肉皆
每岁额办之数派办。"

金华火腿成为贡品进贡朝廷其实并不始于万历年间，早在明
朝初年金华火腿就已成为贡品了。在记载明代历史的清代文献里，
金华火腿这一贡品也被称为"金华火肉"，而且与被迫退位的明代
建文帝有关。明末清初，陈僖的《燕山草堂集》（清康熙刻本）卷
三《程史两翰林传》一文记载程济、史仲彬两位忠心耿耿的大臣
协助建文帝逃难的历史。建文帝是明代第二位皇帝，也是朱元璋
的孙子。由于建文帝的父亲朱标还没做皇帝就生病死了，朱元璋
就将皇位传给了其孙子朱允炆，也就是建文帝。为了巩固皇权，
建文帝就开始削藩，建文帝的叔叔燕王朱棣就开始反抗并发动战
争。靖难之役后，建文帝逃离南京，后来曾经一度流落到云南避
难，生活十分艰难，大臣史仲彬于是向建文帝献上金华火腿等六
样食品供建文帝食用，《燕山草堂集》这本书的记载如下：

> 越三年，帝结茆于滇之白龙山，病创。（程）济乞食，遇（史
> 仲）彬同何洲、郭节、程亨，息于古寺舍旁，熟视之，起，各惊喜
> 泪下，不敢出一声。济导之拜帝榻前，各大悲恸。彬当年职禁近，

知上所好，因出金华火肉、淡菜、金山鱼脍、笋鳖、鹅豆、肉松以献。上大喜，启床头樽酒啖之，曰："不尝此已三年矣。"

在这一文献记载中，可以看出建文帝在宫廷里就喜欢吃金华火腿，忠于建文帝的大臣史仲彬知道建文帝有这个饮食爱好，就向建文帝献上六样食品，其中排在第一位的就是金华火腿，而建文帝也感叹由于自己不断地逃难，已经有三年没有吃到金华火腿了。这一历史细节在其他文献中也有记载，且更为详细。清代汪价《中州杂俎》（民国十年安阳三怡堂刻本）卷六《杨应能非杨行祥辨》一文记载：

（史仲）彬尝携一僮，约何洲、郭节俱为道人饰，访帝于蜀中。时朝廷侦帝甚严，彬等夜或同宿，日则分行，相与行乞于市。久之遇程济，亦已祝发。知已结庵白龙山深处，去此不甚远。即乘夜月，披荆榛，攀藤葛往访。至庵天已微曙，叩扉而出者，为杨应能。旋拜榻前，帝颜色憔悴，形容清减，盖夏日患痢，又饮食不甚给，为此狼狈。相对而恸，随问曰："汝等带得方物与我尝否？"因各为献，彬独有僮，而所献丰，且当年职居禁近，知帝所嗜如金华火肉、淡菜、金山鱼脍、笋鳖、鹅豆、肉松六味。见之大喜，即命煮火肉，启床头尚存樽酒，啖之曰：

"不尝此三年矣。"

　　在这段文献记载中，建文帝问随他逃难的众大臣，有没有地方特产贡品一类的食物供他品尝，而史仲彬因为有一个能干的仆人在身边，所以向建文帝献上六样地方风味食品，建文帝就很高兴，命令属下蒸煮金华火腿为食。明代正史由于权力斗争、政治避讳的原因，不可能记载建文帝的内容，因此，关于明代建文帝的历史主要见于清代文献，特别是在清代笔记类文献中。明成祖朱棣即位后，就在全国范围内缉拿建文帝，于是建文帝流落民间削发为僧。建文帝在各地逃难的地域争论很多，但关于建文帝与金华火腿的关系却是确定无疑的，金华火腿在明朝初年就已成为向朝廷进贡的贡品，只是在文献中被称为"金华火肉"。建文帝在靖难之役发生前就喜欢吃金华火腿，在民间逃难时仍保留着这一饮食爱好。

　　总体上来说，在唐代，金华火腿主要在医书文献上出现，并产生相应的火腿熏制的地方传说。在宋代，金华火腿则与义乌宗泽抗金的历史传说相结合。在明代初年，金华火腿已成为官方高档食材，政府官员多有食用，并成为向朝廷进贡的贡品。可以说，在明代，金华火腿已进入官方饮食菜单，其知名度已超越金华府八县，逐渐开始走向朝廷，而且成为明代帝王的日常饮食。

　　在清代，金华火腿制作技艺仍在八婺大地传承，金华火腿也完全确立其在全国的地位，并成为中国火腿的杰出代表，其文献记载相比明代则更为丰富。关于金华火腿的称呼，金华所属各县都有自己的名称。1669年《康熙金华府志》称之为"烟蹄"，1681年《康熙东阳县志》称之为"熏蹄"，1776年《乾隆浦江县志》、1823年《道光金华县志》均称之为"火腿"，1888年《光绪兰溪县志》称之为"兰熏"，1894年《光绪金华县志》称之为"熏蹄"。这些记载说明当时金华火腿的做法多为"烟熏"，这是最为古老的金华火腿的制作方法。关于烟熏制作火腿的方法在前面所引述的唐代兰溪火腿的传说中也有提到，只是取了一个更雅的名字"兰熏"。清代乾隆年间，赵学敏《本草纲目拾遗》卷九"兽部"（中国中医药出版社，2007年版）对于清代初年用松烟熏制火腿的方法也有记载，这和唐代兰溪火腿的传说所记述的最初方法是相同的。《本草纲目拾遗》卷九"兽部"之"兰熏"条记载：

> 兰熏，俗名火腿，出金华者佳。金华六属皆有，惟出东阳、浦江者更佳。其腌腿有冬腿、春腿之分，前腿、后腿之别。冬腿可久留不坏，春腿交夏即变味，久则蛆腐难食。又冬腿之中独取后腿，以其肉细浓可久藏，前腿未免较逊。盖金华一带，人家多以木甑捞米作饭，不用镬煮，饭汤酽浓者以饲猪。其养猪之法，择洁净栏房，早晚以豆渣、糠屑喂养，兼煮粥以食之，夏则兼饲

以瓜皮菜叶，冬饲必以热食，调其饥饱，察其冷暖，故肉细而体香。茅船渔户所养尤佳，名"船腿"，其腿较小于他腿，味更香美。凡金华冬腿三年陈者，煮食气香盈室，入口味甘酥，开胃异常，为诸病所宜。

《东阳县志》：熏蹄，俗谓火腿，其实烟熏非火也。腌晒熏收如法者，果胜常品，以所腌之盐必台盐，所熏之烟必松烟，气香烈而善入，制之及时如法，故久而弥香。另一种名风蹄，不用盐渍，名曰"淡腿"，浦江为盛，本邑不多。

陈远夫《药鉴》：浦江淡腿，小于盐腿，味颇淡，可以点茶，名"茶腿"。陈者止血痢开胃如神。

陈芝山《食物宜忌》：火腿腌过，晾燥高挂，至次年夏间者，愈陈愈妙，出金华府属邑者佳。

常中丞《笔记》：兰熏，金华猪腿也。南省在在能制，但不及金华者，以其皮薄而红，熏浅而香，是以流传远近，目为珍品，然亦惟出浦江者佳。其制割于冬月用盐匀称，使肉坚实不败，最上者曰"浅腿"，味美香洁，可以佐茶，各处皆无此制。盖此地畜豕，阑圈清洁，俟其将苗壮时，即宰剥腌晒；或曰，其豕种原异他处，而又得香溪等水饲之，亦近乎理。

陈瑶《藏药秘诀》：凡收火腿，须择冬腌金华猪后腿为上，选皮薄色润，日照之明亮，通体隐隐见内骨者佳。用香油遍

涂之，每个以长绳穿脚，排匀一字式，下以毛竹对破仰承以接
油，置之透风处，虽十年不坏。倘交夏入梅，上起绿衣亦无害。
或生毛虫，见有蛀孔，以竹签挑出，用香油灌之。如剖切剩者，
须用盐涂切口肉上，荷叶包好，悬之，依此可久留不坏。

　　赵学敏学问渊博，著述引经据典，在论述金华兰熏火腿时，
引用了许多其他文献，起到了保存史料的作用。在这一清代药学
文献记载中，我们可以发现在当时中国最好的火腿就是金华火腿，
主要以东阳、浦江为代表，制作金华火腿的原材料就是金华猪，
也就是民间俗称的"金华两头乌"，这在后面论述金华火腿制作的
原材料选择时还会有详细论述。《本草纲目拾遗》强调制作金华火
腿要选用金华猪，也就是民间俗称的"金华两头乌"。质量最好的
金华火腿是冬天制作的冬腿，可以放置达十年之久而不坏，而且
有开胃治病的功效。当时金华火腿的制作方法主要以松烟熏制为
主，而所用的盐是台州一带的海盐。
　　清代乾隆年间的赵学敏（1719—1805年）是浙江钱塘（今杭
州）人，所以对浙江的情况十分了解。明代李时珍的《本草纲目》
并没有记载火腿的药学功能，李时珍是湖北人，对于浙江情况的
了解当然比不上杭州人赵学敏，而且在明代前期，金华火腿在全
国的声望还没有完全建立起来。但在清代，浙江人赵学敏对于金

华火腿的制作方法与药学功能就进行了详细分析，关于金华火腿的药学功能后面还会提到。

赵学敏《本草纲目拾遗》是对李时珍《本草纲目》进行拾遗补正。《辞海》医药卫生分册记载赵学敏的《本草纲目拾遗》一书辑录李时珍《本草纲目》未收载的药物约七百余种，极大地丰富了中药学的内容。乾隆三十年（1765 年），《本草纲目拾遗》书稿完成。《本草纲目拾遗》补《本草纲目》之遗漏，同时纠正李时珍的讹误，实际上是《本草纲目》的续编，只是在体量上不能与《本草纲目》相提并论。但这是继李时珍《本草纲目》之后的又一部药学巨著，代表了清代本草学的最高成就。赵学敏《本草纲目拾遗》关于金华火腿的记载在清代梁章钜的文稿中也有引用。清代梁章钜《浪迹三谈》（清咸丰七年刻本）卷五记载：

今人馈送食物单中，有火腿者，率开兰熏几肘，初笑其造作不典，而不知其名乃自古有之。赵学敏《本草纲目拾遗》云：兰熏，俗名火腿，出金华，六属皆有，出东阳、浦江者更佳，有冬腿、春腿之分，前腿、后腿之别。冬腿可久留不坏，春腿交夏即变味……

在清代其他文献中，也大量记载了金华火腿的相关材料，其中以清代的写实讽刺小说最具有社会代表性。清代吴敬梓长篇小说《儒林外史》第二十二回"认祖孙玉圃联宗　爱交游雪斋留客"就提到了金华火腿这一地方名特产。小说描写牛浦搭便船去扬州，一开始不被船家重视，被安排住在船尾，后来与假冒徽州士人的牛玉圃相识后，就搬到船舱里来并与牛玉圃成了本家。从这部清代小说中可以看到，四个仆人用金华火腿招待牛玉圃，其实这是招待政府官员的规格，来表示对对方的尊敬。因为假冒徽州士人的牛玉圃打的幌子是"两淮公务"，船舱就挂有两个醒目头衔的灯笼，这些其实都是表演给船家等外人看的，以彰显牛玉圃具有官方身份的社会地位。小说中说：

　　牛浦放下行李，走出店门，见江沿上系着一只大船，问店主人道："这只船可开的？"店主人笑道："这只船你怎上的起？要等个大老官来包了才走哩！

　　……

　　（牛玉圃）走出轿来，吩咐船家道："我是要到扬州盐院太老爷那里去说话的，你们小心伺候，我到扬州，另外赏你。若有一些怠慢，就拿帖子送在江都县重处！"船家唯唯连声，搭扶手，请上了船。船家都帮着搬行李。正搬得热闹，店主人向牛浦道："你快些搭去！"牛浦捎着行李，走到船尾上，船家一把把他拉了上船，摇手叫他不要则声，把他安在烟篷底下坐。

......

少停，天色大亮。船家烧起脸水，送进舱去，长随们都到后舱来洗脸。候着他们洗完，也递过一盆水与牛浦洗了。只见两个长随打伞上岸去了，一个长随取了一只金华火腿，在船边上向着港里洗。洗了一会，那两个长随买了一尾鲥鱼、一只烧鸭、一方肉，和些鲜笋、芹菜，一齐拿上船来。船家量米煮饭，几个长随过来收拾这几样肴馔，整治停当，装作四大盘，又烫了一壶酒，捧进舱去与那人（指牛玉圃）吃早饭。吃过剩下的，四个长随拿到船后板上，齐坐着吃了一会。吃毕，打抹船板干净，才是船家在烟篷底下取出一碟萝卜干和一碗饭与牛浦吃，牛浦也吃了。

第二十二回写的四个"长随"相当于仆人，假冒士绅身份的牛玉圃在船上吃早饭，有金华火腿，还有鲥鱼、烧鸭等四个大盘，可见其排场之大。牛玉圃用金华火腿提升自己在仆人前面的地位，这也说明在清代，金华火腿已成为十分名贵高档的食材，吃得上金华火腿就是社会身份高贵的象征。具体地说，从《儒林外史》的小说描写看，牛玉圃早饭吃的火腿菜实际上是金华火腿炖鲜笋。牛玉圃吃早饭下菜用的是金华火腿，而牛浦吃早饭却只能吃萝卜干。金华火腿与萝卜干的食材差异，其实也是社会等级差别的表现，吃饭也吃出了阶级差别。

《儒林外史》的作者吴敬梓（1701—1754 年）是清代康熙乾隆年间人，曾在安徽、南京一带随父在官场周旋，因此对于金华火腿十分熟悉。这也说明在清代早期，金华火腿就已成为当时社会的高档食材，多用于官场，只是被牛玉圃这等熟谙官场潜规则、到处打秋风的文人利用了。

到了清代晚期，金华火腿在当时的首都北京已是赫赫有名，这在北方的文献中也有所反映。《光绪顺天府志》卷五十《食货志二》烹饪之属"酱肉"条记载："按为京师最著名者，几与金华火腿匹。"这也说明在清代晚期，金华火腿在当时首都北京已享有盛名。在当时北京，如果夸赞北京某一家酱肉做得好，就会说其风味接近金华火腿了。可见，金华火腿成为衡量北京酱肉质量是否上档次的一个标准。另外，清代顾仲《养小录》卷下对金华火腿的烹饪方法也有所介绍。可见，相比明代，在清代，金华火腿的社会认知度已很高，在当时首都已很有名。从文献记载来看，在清代，火腿肉与一般的腌肉、熏肉的价格形成明显的价格差距。据《钦定大清会典则例》卷一条记载："腌肉每斤六分五厘，熏肉每斤八分，火腿肉每斤一钱。"这说明火腿肉的价格明显比一般的腌肉、熏肉都要贵，这也突出了火腿在清代的社会价值。

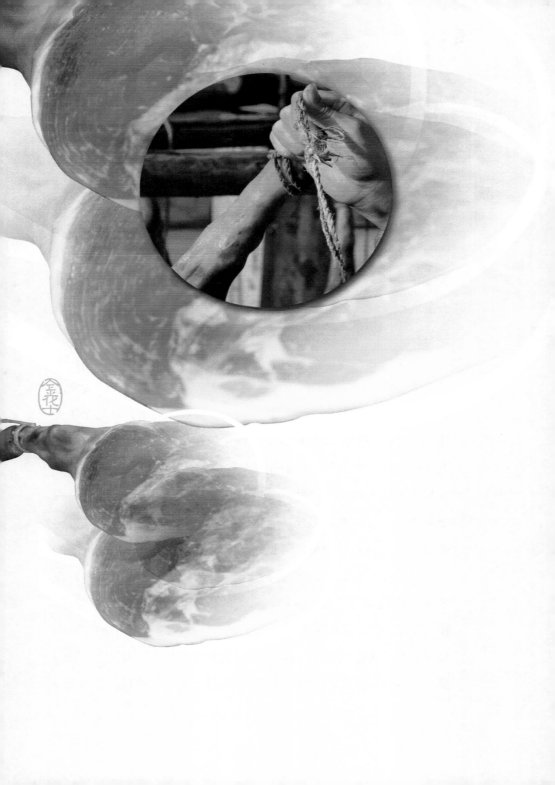

金华火腿的传统制作技艺

金华火腿采用新鲜猪腿，经过修腿、上盐腌制、浸泡刷洗、晒腿整形、上架发酵、修正定形、堆叠后熟、闻香定级这些工序，冬季低温腌制，冬春季节中温发酵、夏季高温发酵，秋季脱水，视发酵成熟情况，就可以在市场上流通了。

金华火腿的传统制作技艺

[壹]金华火腿的品种

中国有三大火腿，分别是浙江金华火腿、云南宣威火腿、江苏如皋火腿。在中国的三大火腿中，金华火腿居于三大火腿之首，成为中国火腿的杰出代表。1981年，金华地区食品公司参加全国火腿金质奖的评选。通过专家的打分，在全国著名的三大火腿中，金华火腿获得94.17的最高分，宣威火腿获得89分，如皋火腿获得87分。在这次评比中，金华火腿获得唯一的国家金质奖，这是新中国成立后金华地区首次荣获全国火腿行业唯一的国家最高荣誉。这也说明在中国的三大火腿中金华火腿的龙头地位。

金华火腿以地方特色猪种"金华两头乌"的后腿为原料，经传统工艺加工而成，具有形似竹叶、爪小骨细、肉质细腻、腿心饱满、皮薄黄亮、肉色似火、香郁味美的品质特点，以"色、香、味、形"四绝闻名海内外。金华火腿在中国三大火腿中也称"南腿"。

金华火腿因地域、原料、技术和加工季节不同可分为许多品种和类型。从加工季节的时间上区分，可以分为三种类型。

一、正冬腿

腌制于隆冬者，称"正冬腿"。每年从立冬开始至翌年立春以前，是上盐腌制火腿最合适的季节。此时正值寒冬，气候寒冷，敷盐可较少，成品味淡香浓，且易于长期保存，甚至可以保存数十年而不坏，"正冬腿"是火腿中的上品。

二、早冬腿

腌制于初冬者，称"早冬腿"。主要是指重阳节至立冬或小雪期间加工的火腿。这一时期，气温相对于隆冬来说较高，因此肉质受到影响，次品也比较多。但相对而言，价格也比较便宜。

三、早春腿

立春以后再腌制的，称"早春腿"。一般是指在立春到春分这一段时间制作的火腿。这一时期气温还不太高，但不太稳定，用盐量也比较多，但在加工技艺上比"早冬腿"要好。用盐量较多，总体偏咸。

按照猪的加工部位来分，则分为前腿和后腿两种。前腿就是风腿，后腿就是火腿。

一、前腿

利用猪的前腿加工而成的称为"风腿"，因为修成长方形的形状，故也称"方腿"。据国家级"非遗"代表性传承人于良坤介绍，风腿的制作工艺没有堆叠的程序，一般上盐腌制后挂两个月，在

清明节过后就可以下架，开始向市场出售。相对而言，风腿的发酵时间短，而且由于是猪的前腿，所以腿内骨头多，在上盐腌制过程中就要多放盐，因而就比较咸。江浙一带的人喜欢在每年四五月份前后选购风腿，并与新鲜的毛笋一起同煮，这样既能去除毛笋的涩味，而且又可以挥发出火腿的清香。在每年四五月份前后，风腿的市场销量很大。这些年，由于生活水平的提高，这些传

浙江省食品公司标注的风腿

统的吃法也在逐渐回归人们的日常生活。但由于发酵时间短，风腿并不是真正意义上的金华火腿。因此，价格也比较便宜。

二、后腿

利用猪的后腿加工而成的称为"火腿"。因为后腿瘦肉多，前腿骨头多，所以从产品质量上来说，后腿比前腿要好，也更适合制作成火腿。金华火腿都是指猪的后腿加工而成的火腿，从制作工艺上说，后腿的加工比前腿更难。

另外，从加工方式上分，可以分为琵琶腿、竹叶腿、熏腿、蒋腿、淡腿等。

民国以前金华火腿多修成琵琶形状，称为"琵琶腿"，外形十分美观。1958 年以后则多修成竹叶形状，称为"竹叶腿"。现在市场上看到的都是"竹叶腿"，因为火腿的下端修成竹叶形状后，有利于滴油的形成。可以说，竹叶腿是对琵琶腿的改进，使其外形更为美观。另外，还有合二为一的竹叶熏腿。竹叶熏腿是将上盐后的腌腿挂在灶间或者楼上，使其经常受竹叶烟的熏烤。熏腿味带竹叶清香，芬芳可口，别有风味，产地以浦江山区最为有名，因该区居民多以竹枝竹叶为燃料。但竹叶熏腿产量不多，现在已停止生产，其传统工艺有待恢复。其他如以低盐腌制，清淡醇香的称"淡腿"，等等。

[贰]传统制作技艺核心特征

金华火腿之所以成为中国火腿的杰出代表，与金华火腿制作技艺的三大核心特征有关，这也是金华火腿的三项核心竞争力。这三个核心特征分别是金衢盆地独特的自然生态环境，金华两头乌独特的原材料，正冬腿的四季时节观与五行文化传统，即低温腌制、中温脱水、高温发酵的四季温控与五行文化传统的实践。

下面分别对金华火腿制作技艺的三个核心特征分别进行介绍。

一、金衢盆地独特的自然生态环境特征

金华地处金衢盆地东段，衢州地处金衢盆地西段，整个金衢盆地南北高、中部低，四季分明。对于要求"冬季低温腌制、春季中温脱水、夏季高温发酵"的火腿制作技艺来说，金华的气候条件是最适宜的。金华也属于亚热带季风气候，四季分明，气温适中，热量丰富，雨量充沛。

金衢盆地，位于浙江省中西部，是浙江省内面积最大的盆地，因盆地中有金华、衢州两座城市而得名。盆地介于千里岗山脉、仙霞岭山脉、金华山脉和大盘山脉之间。金衢盆地是浙江省粮食、花卉、生猪和奶牛生产的重要基地，一直有"浙江聚宝盆"之称。金衢盆地属于典型的亚热带季风气候。据浙江省气候中心介绍，从历史上看，浙江省的最高温地区就出现在金衢盆地和丽水地区，而且基本上连成一片。根据金华市气象局 1971 年到 2000 年三十年的历史资料统计，7 月份平均气温最高的气象观测站分别是兰溪、东阳、义乌、永康和金华市区，分别为 29.4℃、29.1℃、29.1℃、29.1℃和 29℃，"江南火炉"几乎全部集中在金华地区。

金华市现辖武义、浦江、磐安三个县，兰溪、东阳、义乌、永康四个县级市以及婺城、金东两个区。地处北纬 28°32' —29°41'，东经 119°14' —120°47' 之间，气候温暖，年平均气温 17.4℃，四季分明，梅雨天、三伏天的气候特点鲜明。相对湿度 77%，日照 2089.5 小时，有效积温 4659.1℃，为火腿腌制发酵提供了必要的温度条件。亚热带气候使该地区植被茂盛，对本地特种猪"金华两头乌"的饲养非常有利，"金华两头乌"喜欢吃青饲料。金华东邻台州，与旧时食用盐集散地仙居接壤，为火腿制作所需食盐提供便利。婺江从磐安发源，经永康、武义在金华城内汇合义乌江穿城而过，向西进入富春江、钱塘江，成为金华与外地经济交流的重要通道，明、清以后金华火腿就由此流向全国各地。

金华市所辖的婺城区、金东区、兰溪市、永康市、义乌市、东阳市、武义县、浦江县、磐安县以及衢州市所辖的柯城区、衢江区、江山市、龙游县、常山县、开化县十五个县、市（区）在历史上都成为火腿的产区，而这正好是金衢盆地所在地。"金华火腿"是金华地区各个种类火腿的总称，同时也是它们通用的商标。

金华农畜牧业发达，既是浙江的第二粮仓，也是中国名猪——"金华两头乌"的出产地。在中国的火腿系列中，金华火腿成为中国火腿的杰出代表，与其独特的自然地理条件密切相关。金衢盆地独特的气候条件，为火腿长达六个多月的自然发酵所需的温度与湿度提供了保证。现代化的机器设备无法完全替代传统手工工艺，即使是投资上亿元的意大利进口设备也无法完全模拟金衢盆地自然环境中温度、湿度的细微变化。因此，金衢盆地的气候条件是金华火腿具有核心竞争力的一个主要原因。

二、以"金华两头乌"为传统原材料的特征

金华火腿的原料出于猪的后腿，但不是所有的猪后腿都可以制成上等的火腿。在浙江金华地区，最宜于腌制火腿的，是金华猪，民间也称"金华两头乌"。"金华两头乌"是中国著名的优良猪种之一，爱吃青绿饲料，饲养周期长，一般需要十个月以上，所以肉质优异。在金华的菜市场里，"金华两头乌"的猪肉比一般的猪肉卖得要贵得多。而且"金华两头乌"瘦肉里的脂肪比例高，脂肪积累丰富，所以香味也就特别浓郁。"金华两头乌"头部与尾部均为黑色，中间为白色，体形适中，看上去像是小熊猫，憨态可掬，也被雅称为"中华熊猫猪"。

"金华两头乌"的净重在一百斤左右，皮薄肉细，蹄小，精肉多，体质强健。"金华两头乌"头部、颈部及臀尾的皮毛均为黑色，躯干及四肢为白色，白色处无斑点，黑白分界处有白毛黑肤宽约一寸左右的环带，背部下凹，后身较高，鼻直，面少皱纹，头型大小适中，耳大下垂。这种品种的生猪，是制火腿的最好原料。其次是东阳猪，肤色也是两头黑，但背部有黑色斑块，这种猪，皮亦薄，肉亦嫩，也是适宜于制火腿的。至于白猪、花猪、小溪乌，虽亦属于腌肉用型，但都不是腌制火腿的上好原料。旧金华府属八县都养猪制火腿，但以东阳的产量最多，质量亦最好，东阳八九万户人家，几乎无家不养猪，少者一两头，多者十余头，而贫苦农民往往多养母猪，以繁育仔猪，这是他们终年生活的主要经济来源。民国时期有些贫农专养"架子"猪，因为没钱买精饲料，在架子养成后，只得卖给地主富农去育肥。

"金华两头乌"的生长有小猪、中猪、大猪三个阶段，一般的饲养方法是抓两头放中间。小猪阶段要喂得好；中间这个阶段是30斤到80斤这个阶段，就吊架子让猪吃一些差的食物，包括青饲料；到了80斤以后，就多喂精饲料，使其长肥。

据金华市火腿行业协会首任会长倪志集介绍，历史上，"金华两头乌"原产于东阳县的划水、湖溪，义乌县的义亭、上溪、东

东阳吴宁府"两头乌"养殖基地的水稻田 （宣炳善/摄）

河，金华县的孝顺、澧浦、曹宅等地。后来，产区逐渐扩大，几乎覆盖旧金华府属各县，以及邻区龙游、衢州一带。新中国成立以后，国家农业部和浙江省政府决定在金华、东阳建立种猪场，国家每年拨专款扶持，科学繁殖。1979 年以来，国家农业部和省政府还将金华猪分三批赠送或出口至法国、日本、泰国，让它们在那里繁衍后代，受到国内外同行和消费者的好评。

现据金华市农业部门不完全统计，金华民间尚有"金华两头乌"母猪一万七千九百多头。金华市政府已提出"以保种促开发，以开发打品牌"的工作思路。东阳市雪舫火腿实业公司 2001 年已经投资一百多万元，与十多个规模养猪基地和六千多养猪农户建立产销关系，决定以高于市场价的价格收购金华猪鲜肉后腿。金华市火腿行业协会也决定与金华市饲料协会和养猪协会联手，从饲料、养猪抓起，发展肉类综合开发，形成金华火腿行业的产业链，实现室内温控、湿控符合国际卫生标准的现代化生产。用金华猪的鲜腿腌制火腿，将金华猪的其他部位生产成分割肉冷冻外销，使销售价格比其他猪种有较大幅度的提高。这样，工厂就会提高金华猪的收购价格，也就能够促使农民多养金华猪，使金华猪、金华火腿这两个祖宗留传下来的知名品牌，同时发扬光大。

社会在进步，任何传统都要被赋予时代的内容，不断改进创新。金华猪、金华火腿也不能例外。金华猪的杂交利用，约在

中国的两头乌与国外的约克猪

一百多年前开始，发生了四个历史性转变：一是由 20 世纪 30 年代前与周围地区的地方黑猪杂交，逐步转变为与引进的国外猪种杂交；二是由 20 世纪 50 年代前的生产者自发杂交，转变为 20 世纪 60 年代后的有计划杂交；三是由 20 世纪 50 年代前的脂肪型猪种巴克夏和肉脂兼用型猪种约克夏杂交，转变为与瘦肉型猪种长白、大约克、杜洛克杂交；四是由 20 世纪 60 年代前的简单经济杂交，逐步转变到在部分地区和一些外贸猪场的三元杂交。所谓三元杂交，一般是指由长白公猪与大白母猪交配后，生下的杂交一代母猪再与杜洛克公猪交配而获得三元杂交猪。20 世纪五六十年代肥肉抢着买，瘦肉没人要，板油可以卖个好价钱。八九十年代瘦肉比肥肉贵，板油只能作工业原料。所以金华猪种也在逐渐改进，不断优化。

浙江省农科院畜牧兽医研究所还在三元杂交的基础上，开展了"两头乌"的多元杂交育种工作，以适应国内外市场对瘦肉型猪种的需求。金华火腿必须以金华猪及以其母本的系列杂交第二、三代的鲜猪后腿为原料。不过在选料时，有一个具体要求，即：体型大小适中、皮薄、骨细、肥瘦适度、肉质细嫩、腿心饱满、后肢稍高、脚蹄壳呈白色。只要符合以上八个特征，外地饲养的金华猪后腿，同样也可以用来腌制金华火腿。2002 年，金华火腿获准依法实施原产地域产品保护以后，金华火腿与"金华两头乌"都有了很大的发展。

除了特色猪种金华猪以外，金华火腿在制作中还有名为"戌腿"的特色火腿。古文献中也有所记载，如清代梁章钜《浪迹三谈》（清咸丰七年刻本）卷五记载：

　　或传数十条火腿中，必有一条狗腿，盖初腌腿时，非杂以狗腿，则不成，故货腿人亦甚珍惜之，不肯与人，偶有得者，则其味尤美，此说不知何所据。余素不吃狗肉，即得之，亦不知其味也。按志乘中所载火腿颇详，而此物之缘起，则从未有考证，即古今人亦绝无吟咏及之者。

民间传说，金华火腿制作时就曾用到过狗腿，也就是说在缸内腌制火腿时，会放入一条狗腿，这样金华火腿会更香。笔者在调查过程中曾询问过相关人员，得到的答复是这只是传说，历史上并没有这样的事情。据国家级"非遗"代表性传承人于良坤介绍，金华过去不但利用猪腿腌火腿，确实也有腌狗腿的。不过，狗腿腌后还是狗腿，并没有变成火腿。而且上盐腌狗腿只需要半个月就可以了，发酵时间也很短，制作工艺十分简单，不能和火腿相提并论。所以腌狗腿和制作火腿不会混在一起。据于良坤回忆，除了制作火腿，他还腌过许多狗腿。而在金华民间，人们也喜欢吃腌狗腿。

在当代，"金华两头乌"及其杂交猪还在广泛使用，但现在腌狗腿的加工方式已经消失。在当代社会，由于动物保护观念的兴起，吃狗肉的人越来越少，腌狗腿的方法也不会再传下来，这其实是历史的进步。

三、正冬腿的四季时节与五行文化特征

金华火腿的制作工艺流程繁多，但是最主要的两大核心技艺就是腌制与发酵。先腌制，后发酵，腌制是基础，发酵才是根本。腌制是为了去除水分，后来在阳光下晒腿也还是为了去除水分，而发酵才完成质的转变，即完成从腌腿到真正火腿的转变，使火腿具有芳香味。从中国五行文化传统来分析，这类似于水元素向火元素演变的过程。

　　按照传统，在立冬过后，金华地区就开始上盐腌制金华火腿，到翌年秋分前后，金华火腿基本成熟下架。从立冬到秋分，正好经历了完整的冬、春、夏、秋四季轮回。所以，从四季的时间观念上来看，金华火腿的制作工艺始于立冬，终于秋分。在火腿制作经验的长期摸索中，金华火腿的时节观念已成为其核心竞争力，既体现其手工技艺方面的经验，也体现中国二十四节气的节气文化传统。因此对立冬、秋分这两个季节点需要进行分析。

　　中国二十四节气的名称分别是：立春、雨水、惊蛰、春分、清明、谷雨、立夏、小满、芒种、夏至、小暑、大暑、立秋、处暑、白露、秋分、寒露、霜降、立冬、小雪、大雪、冬至、小寒和大寒。从二十四节气的命名可以看出，立春、立夏、立秋、立冬反映了四季的开始，是从农业物候等自然现象的变化得出的分类。而春分、秋分、夏至、冬至则是从天文角度来划分的，是太阳高度变化的转折点。

　　在二十四节气中，每隔十五天一个节气，立冬表示冬季开始，但并不是过了立冬，就可以开始上盐腌制金华火腿。金华火腿的制作也不是越早越好，而是要等待最合适的时间点。传统金华火腿的制作技艺是说过了立冬这个节气，就要为制作金华火腿做准备了，如与农户联系、开始物色上等的金华猪、准备相关器具、联系相关人员、购买盐等相应的材料、清理房间、准备腌制的场所等一系列工作。

真正开始上盐腌制金华火腿要到冬至左右，在立冬到冬至之间腌制的金华火腿称为"早冬腿"，但这并不是最上等的金华火腿。只是时间上已可以开始腌制金华火腿了。以前有些火腿作坊，为了能抢先上市，就会制作一批早冬腿。在立冬到冬至之间有两个节气就是小雪与大雪，表示气温下降，开始有降雪的可能，但这时的气候还不是腌制金华火腿的最佳时候。

真正上等的金华火腿的制作是在立春之前的小寒与大寒两个节气。这个时候制作的火腿称为"正冬腿"，因为小寒与大寒两个节气是全年最冷的时候，也是制作金华火腿的最佳时间。至于在小寒与大寒两个节气中的哪一天开始上盐腌制金华火腿就完全要看火腿制作师傅长年积累的经验。

金华火腿制作技艺既是手工技艺，也是时间的艺术，制作时间长达十个月。从总体上看，金华火腿的制作以立冬为开端，这与四季变化的时间点有关。立冬在二十四节气中有其文化象征意义。

立冬与立春、立夏、立秋合称"四立"。关于立冬，古文献中有专门的记载与分析。明代徐光启在《农政全书》卷十一"农事"条记载：

十月立冬，晴则一冬多晴，雨则一冬多雨，亦多阴寒。谚云："卖絮婆子看冬朝，无风无雨哭号咷。"立冬日，西北风主来年旱，天热晴过寒。

……

十六日为寒婆生日，晴主冬暖。此说得之崇德举人徐伯和，自江东石洞秩满而归云。彼中客旅远出，专看此日，若晴暖，则但随身衣服而已，不必他备。言极有准也。

由此可见，古代有朴素的占候之法。如果立冬日是晴天，则整个冬天多为晴天，如果立冬这一天下雨，则整个冬天多为下雨天。所以《农政全书》引用卖棉絮的老婆婆的话，说是如果这一天天晴，那么整个冬天棉絮就会卖不出去，于是老婆婆就会伤心地哭。后来还形成了一种民间说法，认为农历十月十六是寒婆生日，如果这一天晴，那么整个冬天也会以晴天为主。

制作金华火腿的老师傅也要掌握二十四节气的历法知识，需要关注立冬前后的天气变化，因为接下去的日子就要等待机会，选一个温度适宜的日子开始上盐腌制火腿。所以，金华火腿的制作首先就是对气候温度的高度关注。

古人还用五行相生理论来分析四季的更替。立冬则被理解成水代金，金生水，而四季的变化与五行联系在一起，元代王恽《玉堂嘉话》卷六记载：

> 伏者何也？金气伏藏之日也，四时代谢皆以相生。立春，木代水，水生木。立夏，火代木，木生火。立冬，水代金，金生水。至于立秋，以金代火，金畏于火，故至庚日，必伏庚者，金故也。

所以，从立冬到立春，核心的五行元素就是水，根据王恽的分析，立冬是"水代金"，而立春则是"木代水"，从立冬到立春，都是围绕水而展开的，这里的"代"就是代替的意思。金华火腿的制作也是如此，在给鲜猪腿上盐时，鲜猪腿里含有大量的水分，而上盐就是起到吸收水分的作用，也就是希望水分逐渐减少。按照五行理论，从立冬到立春，正好是水这一五行元素从旺盛到被逐渐替代减少的过程。所以，最迟在立春之前，一定要腌制金华火腿，也就是说，金华火腿的制作要按四时而行。而这四时时节之中有深厚的中国五行文化理念，也是古人对自然界的深刻观察，因此需要进一步分析。

五行的基本物质即金、木、水、火、土，五行之间相互关联，相生相克。五行相克是指木克土、土克水、水克火、火克金、金

克木。五行相生是指木生火、火生土、土生金、金生水、水生木。而在五行理论中，水与五味之中的咸是关联在一起的，咸就是盐的味道，而金华火腿的制作就是上盐加重火腿的咸味，同时这也是去除水分的过程。

明代缪希雍《神农本草经疏》卷一记载：

> 凡言酸者，得木之气。言辛者，得金之气。言咸者，得水之气。言苦者，得火之气。言甘者，得土之气。

宋朱熹《朱子语类》卷九十四也记载：

> 故在左右曰：水阴根阳，火阳根阴，错综而生其端。是天一生水，地二生火，天三生木，地四生金，到得运行处，便水生木，木生火，火生土，土生金，金又生水，水又生木，循环相生。

朱熹《朱子语类》中说的"天一生水"与"地二生火"，就是一个对立的关系。水与火是不相容的五行元素，所以有成语叫"水火不容"。火腿内水分太多，就很难制成火腿。前面提到的《随息居饮食谱》一书也强调做金华火腿要挤去火腿中的血水，否则在夏天会发臭。《随息居饮食谱》还反复强调"水气晒干"、"水气干尽",这些也是对"水"的处理。

金华火腿在中国传统文化中的深刻意义在于水元素向文化象征意义上的火元素的转化,而且是采用腌制与发酵的双重工艺方式,发酵的时间远远超过腌制的时间。结合这些古文献中关于五行的记载,以及与制作金华火腿的老师傅的交谈,我们发现金华火腿的制作与水这一元素的处理有密切的关系。从五行文化传统的分析框架来看,金华火腿的制作其实就是从"水"腿到"火"腿的一个过程。因为鲜猪腿内有大量的水分和血水,可以称为"水腿",上盐就是使水分减少,而金华火腿的制作并没有采用快速火烤的方式,而是在三伏天的高温中让其自然发酵,虽然费时更久,但却是一种更为高超的食物制作之道。

也就是说,金华火腿的制作并不追求高效,而是通过长达六个多月的自然发酵,使其逐渐摆脱"水腿"的性质,真正成为名副其实的火腿,否则就只是"腌腿",还不能称为"火腿"。当然,"火腿"这一概念也只是一个文化隐喻式的说法,与"大火"、"着火"的"火"有所不同。"火腿"只是因为看上去鲜红似火,才叫"火腿"或者"火肉"。在这个意义上,金华火腿制作本质上就是去除水分、增加蛋白质香味,这样才可获得"火"文化元素的质感。但文化意义上的"火"却是一个难以达到的境界,一旦接近了，火腿也就制成了。

在春夏之交，火腿开始发酵时已进入初夏季节，气候逐渐转热，火腿上的水分也逐渐蒸发，时间长了，火腿的表面会产生绿色霉菌，俗称"油花"，这是水分减少、干燥适中的一个标志。而这些霉菌所分泌的酶，会使火腿中蛋白质分解，从而使火腿产生香味。如果火腿表面产生黄霉，俗称"水花"，那是因为就是在晾晒时，水分去除不足，火腿中还有部分水分没有去除，还是"水腿"。这种腿在发酵时甚至会生蛆以至腐烂，所以，制作金华火腿的过程也是不断去除火腿内水分的过程。

由于金华火腿需在冬天上盐腌制，因此一般人认为金华火腿是腌制食品，其实金华火腿是真正的发酵食品。上盐腌制金华火腿只需要一个月的时间，而上架发酵却需要六个月以上的时间，在金华火腿长达十个月的传统制作过程中，上架发酵的时间占了六个多月，因此，金华火腿是发酵食品。上盐腌制只是金华火腿制作的一个前期环节，并不是最主要的部分。

据龚润龙《火腿情缘》一书中的《参加中国火腿行业峰会》一文提供的材料，2007年10月26日，由中国肉类协会、中国烹饪协会、中国肉类食品综合研究中心和金华市人民政府联合主办了中国火腿行业峰会。在这次峰会上，专家们纷纷提出金华火腿不是腌制食品，而是发酵食品，应该为金华火腿正名。过去人们

龚润龙 著

火腿情缘

大众文艺出版社

龚润龙著的《火腿情缘》一书由大众文艺出版社出版

都认为火腿是腌制食品，不宜多吃。其实传统的金华火腿用盐腌制一个月左右的时间，不加任何添加剂，而自然发酵时间长达六到八个月。金华火腿与酱油、豆腐乳、黄酒一样，都是发酵食品，是健康营养食品。

关于金华火腿是腌制食品，还是发酵食品，东阳的媒体曾在东阳做了随机采访。2009 年 12 月 18 日的《东阳日报》发表了叶丽华的一篇题为"火腿是发酵食品富含十八种氨基酸"的调查文章。"火腿是腌制食品，还是发酵食品？"记者就这个问题做了随机采访，结果大多数人给出的答案是"腌制食品"。由此可见，就是东阳人自己，对于家乡特产的真正内容与文化传统也谈不上了解。叶丽华就此向东阳市质量技术监督局局长吴厚荣求证，吴厚荣指出，从制作时间上来说，火腿发酵时间长达六个多月，发酵是火腿制作过程中最重要的环节，而腌制时间只有短短一个月；从制作工艺上来讲，火腿需经低温腌制、中温脱水、高温发酵三个步骤，在腌制后还要浸泡，把盐分稀释，然后经过脱水和发酵，而腌制食品没有这些环节。火腿需在0℃以上7℃以下的气温条件下低温腌制，上第一道盐主要是排去鲜腿中的血水；第二次上大盐，盐分就会渗透其中；第三次上盐则是在关节等盐分不易被吸收的部位，作一下补充。只有盐分平衡了，火腿的品质才能得以保证。之后经中温浸泡洗刷，在阳光下晾晒十至十二天，待水分收干，肉质呈玫瑰红色，即可上架发酵。发酵期很漫长，要经过潮湿的梅雨天气和三伏天，前后共有二十多道工序，直到第二年8月底9月初，火腿发酵才能完成，所以金华火腿是发酵食品。

东阳市质量技术监督局局长吴厚荣的回答是十分专业的，目前社会上对于金华火腿的制作工艺并不了解，实际是把火腿当腌腿看，这也是对金华火腿高品位发酵食品的食物分类的不了解。金华市火腿行业协会作为金华火腿生产、管理与指导的民间行业组织，也发表了其专业观点。

金华市火腿行业协会首任会长倪志集曾撰文《金华火腿不是腌腊制品而是发酵产品》，该文章发表于2007年10月17日的《金华日报》。文章指出，很多年来，有关部门和很多业内人士，大多把金华火腿作为腌腊制品看待。现在看来这是一种陈旧观念，有加以更新的必要。尽管金华火腿在腌制时除加盐外不加任何添加剂，要经过腌制工艺是事实。不过，更重要的是，金华火腿还要经过长达六个多月时间的发酵。发酵是一个复杂的有机化合物在微生物作用下分解为各种物质的过程。这已经不是简单的物理变化，而是复杂的化学变化，也就是质的变化。金华火腿在长时间的发酵过程中，肌肉的主要成分蛋白质在酸、碱或酶的作用下，分解成人体不能合成的多种氨基酸。同时，在发酵过程中，由于微生物主要是益霉菌的作用，强化了某些氨基酸的香气和鲜味。因此，在烹调海鲜如鱼翅、鲍鱼、海参等菜肴时，能起到去腥、增香、提鲜的特殊作用。金华火腿还被上海消费者誉为天然味精。

金华火腿的传统制作过程，是一个不断脱水的过程。用五行文化理论来分析，也就是去除"水"这一元素，向"火"元素接近的过程。金华火腿在明代初年也被称为"金华火肉"，也是突出其"火红色"的色彩审美。从"水"向"火"的缓慢深长的细微变化，是金华火腿神奇的地方。按照金华火腿传统制作技艺，需花费十个月时间制作金华火腿，这是真正的时间的艺术。为了这一人间美味，人们需要耐心等候。

[叁]金华火腿制作的传统工艺流程

金华火腿的传统制作技艺及其工序是相对而言的，也就是说不同历史时期金华火腿的制作工艺均有一定的变化。在唐宋时期，金华火腿的制作是以熏制为主，但到了明清时期，由于江南经济发达，江南成为中国最重要的经济区。因此，金华火腿的市场需求量增加，除了传统的熏制以外，在阳光下晒制的方法也日益普及。从熏制到晒制，虽然制作方式发生了变化，但都属于金华火腿的传统制作技艺，只是这一传统技术在不同时代有不同的特点。但不管是熏制还是晒制，金华火腿制作中"低温腌制、中温脱水、高温发酵"的三大核心技艺始终不变，金华火腿的制作过程也是由冬天到夏天的温度逐渐升高的过程。另外，只有具备在金衢盆地这个特定的地理自然环境中、采用"金华两头乌"后腿为原料、按金华人世代相传的传统工艺制作的这三个要素，才能称为最正宗的传统"金华火腿"。清代以前，有关金华火腿较为详细的制作方法的文献至今没有发现。在清代，由于传统医学的日益发展，浙江人制作金华火腿的方法也开始在文献上记录下来。

清人赵学敏《本草纲目拾遗》卷九"兽部"之"兰熏"条对于金华做火腿的方法有较为详细的记载：

朱氏《仆葛三言》：少时曾佣金华习其业，知腌腿法甚详。云：火腿，金华六属皆有，总以出浦江汤家村者为第一。村止一二千户，皆养猪作腿。其猪不甚大，极重者不过七八十斤，制为腿干之不过三四斤或五六斤不等。四时皆可腌，惟冬腿为第一，冬腌者，皮细无粟眼，手摸之润腻，切开无黄膘，爪弯，可久留不蛀，他时者皆易蛀，春腿多粟眼，夏腿爪直，秋腿皮粗。

腌法：每腿十斤用炒盐四两，以木刻楦如人手掌状掺盐，后用掌楦轻轻揉擦，四围兼到，俟皮软如绵，然后入缸，缸面盖以辣蓼，竹匾覆之，待七日后，有卤，翻搅一转，令上下匀；再以炒盐四两，如前法以手揉腌入缸，十日后出缸，即用缸中原汁洗净，——以草绳缚定，挂悬风处，惟冬腌者不滴油。

这段清朝前期的记载，说明金华浦江县火腿的制作首先是选料，即要选不超过七八十斤重的猪，其次是在冬天上盐腌制最佳，而且盐要经过炒制，这样盐会更具有香味。以一定比例涂抹盐于猪腿上，并置于缸内，十日后出缸悬挂风干。从这一段记载中，可以看出每十斤猪腿总的用盐量是八两，实际上接近于淡盐腿的制作。用当代的术语说就是"低盐火腿"。这段记载可能是浦江汤家村的一个特例，因为传统的金华火腿的用盐量都很大，《本草纲目拾遗》在论述"制火腿法"时就突出了金华火腿总体用盐量大的工艺特点。

《本草纲目拾遗》卷九"兽部"之"兰熏"条下"制火腿法"中又对乡土腌制火腿的方法进行了介绍，并与金华火腿的制作方法进行对比：

李化楠《醒园录》有腌火腿法：每十斤猪腿，配盐十二两，极多加至十四两，将盐炒过，加皮硝末少许，乘猪、盐两热，擦之令匀，置大桶内，用石压之，五日一翻，候一月将腿取起，晾有风处四五个月可用。

金华做火腿，每斤猪腿配炒盐三两，用手将盐擦完，石压之，三日取出又用手极力揉之，翻转再压再揉，至肉软如绵，挂风处，约小雪后至立春后，方可挂起不冻。

戴羲《养余月令》有制火腿法：十一月内圈猪方杀下，只取四只精腿，乘热用盐，每一斤肉盐一两，从皮擦入肉内，令如绵软，用石压竹闸极上，置缸内二十日，次第三番五次用稻草灰一重间一重叠起，用稻草烟熏一周时，挂在烟处，初夏以水浸洗，仍前挂之。按：此乃村乡土腌火腿法，要不及金华之兰熏也，然较之杭市腌腊店所买火腿，则又不啻霄壤矣，故并载其法。

在这段记载中，可以发现，金华火腿制作用盐量比一般农村腌制火腿的用盐量要大很多，清代是十六两相当于一斤，与现在的一斤十两的度量制有所不同。一般农村都是十斤猪腿配比不到一斤左右的盐，而所谓"每斤猪腿配炒盐三两"说明金华火腿十斤猪腿需要三十两盐来腌制，也就是两斤左右的盐。因此，金华火腿制作的用盐量几乎是乡村普通火腿制作的两倍。

清代《本草纲目拾遗》封面

　　至于其他地区如东阳县的制作方法则与浦江有所差异。《本草纲目拾遗》卷九记载：

　　　　《东阳县志》：熏蹄，俗谓火腿，其实烟熏非火也。腌晒熏收如法者，果胜常品，以所腌之盐必台盐，所熏之烟必松烟。

　　由此可见，东阳一带做火腿主要采用烟熏的方法，而且腌的盐要求采用台州的海盐，所熏的烟要求是松烟，在加工材质上有特别的要求，这是与浦江做火腿方法不同的地方。

　　在清代，赵学敏的《本草纲目拾遗》对金华火腿传统制作技艺作了介绍，另外在当时其他浙江籍士人的文献中也多有记载。

　　如清代王士雄《随息居饮食谱》"毛羽类"之"兰熏"条也记载金华火腿的制作方法：

　　　　附腌腿法：十一月内，取壮嫩花猪后腿，花猪之蹄甲必白，捶净取下，勿去蹄甲，勿灌气，勿浸水。用力自爪向上紧捋，有血一股向腿面流出，即拭去。此血不挤出，则夏至必臭。晾一二日待干，将腿面浮油细细剔净，不可伤膜。若膜破，或去蹄甲，则气泄而不能香。每腿十斤，用燥盐五两，盐不燥透，则卤味入腿而带苦。竭力擦透其皮，然后落缸，脚上悬牌，记明日月。缸半预做

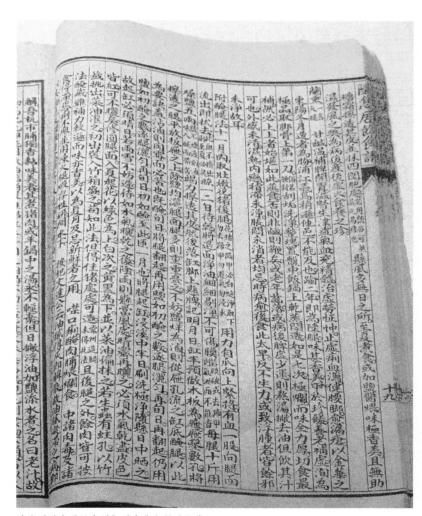

清代《随息居饮食谱》对金华火腿的记载

木板为屉，屉凿数孔，将擦透之腿，平放板屉之上，余盐均撒腿面，腿多则重重叠之，不妨。盐烊为卤，则从屉孔流至缸底，腌腿以此为要诀。盖沾卤则肉霉而必苦也。

既腌旬日，将腿翻起，再用盐如初腌之数，逐腿撒匀，再旬日，再翻起，仍用盐如初腌之数，逐腿撒匀，再旬日，至初腌至此匝一月也，将腿起缸，浸溪中半日，刷洗极净，随悬日中晒之，故起缸必须晴日，若雨雪不妨迟待。如水汽晒干之后，阴雨则悬当风处，晴霁再晒之，必须水汽干尽，皮色皆红，可不晒矣。修圆腿面，入夏起花，以绿色为上，白次之，黄黑为下，并以菜油遍抹之。若生虫有蛀孔，以竹签挑出，菜油灌之，入伏，装入竹箱盛之。苟知此法，但得佳猪，处处可造。常州造腿未得此法。且后腿之外，余肉皆可按法腌藏，虽补力较逊，而味亦香美，以为夏月及忌新鲜者之用。

清代的赵学敏是浙江杭州人，而王士雄是浙江海宁人，两人都是浙江人，因此对浙江的地方特色十分熟悉。王士雄《随息居饮食谱》一书出版于咸丰十一年（1861年），其中关于金华火腿的记载较赵学敏的《本草纲目拾遗》更为详细，也可以看出当时金华火腿的品牌知名度已经超过江苏常州的如皋火腿。所以王士雄认为"常州造腿未得此法"，就是指江苏常州的如皋火腿的制作方法不能和金华火腿相提并论。

《随息居饮食谱》的"附腌腿法"是附在"兰熏"条目的后面，而其中的"兰熏"讲的就是金华火腿。从文中的信息来看，"附腌腿法"讲的也是清代金华火腿的做法。首先，做火腿要选"花猪"，其实是特指兰溪花猪。兰溪花猪架子大，生长快，毛重可达200多斤，兰溪花猪比"金华两头乌"个头要大。腌腿花费时间也是一个月左右，另外，在《随息居饮食谱》中还特别提到了"将腿面浮油细细剔净，不可伤膜。若膜破，或去蹄甲，则气泄而不能香"，意思是说要保护腿膜，从而保护火腿的香气，这一记载在其他文献中没有看到。《随息居饮食谱》强调腌腿一个月后起缸时天气必须是晴的，这样有利于晒腿，这是对天气因素的强调。不过，王士雄认为只要有"金华两头乌"这样的好猪，而且只要掌握金华火腿的制作方法，那么其他地方也可以做出类似金华火腿的好火腿。这当然是过于乐观了，因为金华火腿的制作方法还与金衢盆地独特的气候有关，离开了金衢盆地，在别的地方，就是用"金华两头乌"，而且采用金华火腿的制作方法，也往往没有真正的金华火腿的风味，因为王士雄忽略了气候的原因，另外还有金华本地制作师傅的个人经验的因素。

至于一般火腿的传统制作方法，在明代高濂《遵生八笺·饮馔服食笺上》"脯鲊五十种"之"火肉"条中有所记载：

以圈猪方杀下，只取四只精腿，乘热用盐。每一斤肉盐一
两。从皮擦入肉内，令如绵软。以石压竹栅上，置缸内二十日，次
第三番五次，用稻柴灰一重间一重叠起，用稻草烟熏一日一夜，
挂有烟处。初夏，水中浸一日夜，净洗，仍前挂之。

高濂是浙江钱塘人，即今浙江杭州人，主要生活在明代万历
年间（1573—1620），但高濂《遵生八笺》记载的"火肉"制作方
法为一般乡村普通火腿的制作方法，并不是金华火腿的制作方法。
《本草纲目拾遗》中记载金华火腿"每斤猪腿配炒盐三两"，而《遵
生八笺》记载一般的乡村火腿是"每一斤肉盐一两"。前面提到
的《随息居饮食谱》中做火腿的方法是"每腿十斤，用燥盐五两"，
三种文献记载的用盐量都不同。结合历史上金华火腿的传统制作
方法，可以看出，《本草纲目拾遗》对于用盐量的记载是比较接近
事实的。

金华火腿是中国的传统名特产品，以金华猪的前、后腿为原
料，在冬季低温上盐腌制，冬春季洗晒、中温脱水，夏季上架晾
挂高温发酵。自近代以来，金华火腿逐渐形成了相对固定的模式
化的传统手工技艺，并有相应的工序。金华火腿从最初选料加工，
到最后制成成品，要经过多道工序。制腿的材料是金华猪，将其
煺毛，一猪一锅汤，以减少猪毛臭。鲜腿选定，修腿成形后，即

进入上盐、洗晒及上架发酵等工序。经过六个月以上的发酵，直至夏季伏后，再开始落架堆叠，半个月后即可出品。金华火腿制作工艺独特，其中具有工艺代表性的是修腿、上盐腌制、洗晒、上架发酵、闻香定级五道工序。而金华火腿完整的制作工序则有九道，分述如下：

一、原料选择

选用新鲜猪腿，要求皮薄爪细、瘦多肥少、肌肉鲜红、皮肤白润，无伤残和病灶，重量在5—7.5公斤为宜。最正宗的金华火腿原材料选的是金华猪也就是"金华两头乌"的猪腿，并以后腿为最佳。金华猪皮薄脚细，腿心精肉丰满，色泽鲜红，质地柔软，

吴宁府养殖基地的"金华两头乌"（宣炳善／摄）

这是原材料选择的标准。只有用金衢盆地特有的金华猪，才能做出最上等的金华火腿。鲜腿的毛重一般在 10 斤左右，火腿制成后，就变成 6 斤左右的成品，其中失去的 4 斤就是鲜腿中的水分。

二、修腿

未经修割的鲜猪腿称为毛腿，将毛腿置于木案上，用刮毛刀将腿面上的残毛、污血刮去，用挖蹄刀勾去蹄壳，用削骨刀削平耻骨，除去尾椎，把表面和边缘修割整齐，挤出瘀血，用割皮刀将腿边修成弧形，使腿面平整，初步形成琵琶形状光洁的腿坯。

三、上盐腌制

根据腿只大小、腿心厚薄、肉质粗细、新鲜程度和气温湿度高低，正确掌握用盐时间和数量，做到因时因腿制宜，精工细作。用盐间隔时间和数量，视温度、湿度而定。一般腌制的适宜温度为 8℃左右，腌制时间 35 天左右。以 100 公斤鲜腿为例，用盐量 8—10 公斤，一般分六至七次上盐。第一次上盐，叫上小盐，也叫"头盐"，在肉面上撒上一层薄盐，用盐量 2 公斤左右，上盐后将火腿呈直角堆叠十二至十四层。第二次上盐，叫上大盐，时间在第一次上盐的第二天。先翻腿，用手挤出瘀血，再上盐。第二次上盐时用盐量在 5 公斤左右，在肌肉最厚的部位加重敷盐。上盐后将腿整齐堆放。第三次上盐在第七天，按腿的大小和肉质软硬程度决定用盐量，一般为 2 公斤左右，重点是肌肉较厚和骨质部位。第四次在第十三天，通过翻倒调温，检查盐的溶化程度，如大部分已经溶化就可以再补盐，用盐量为1—1.5公斤。在第二十五天和二十七天左右分别上盐，主要是对大型火腿及肌肉尚未腌透仍较为松软的部位，适当补盐，用量约为0.5—1公斤。在上盐腌制的过程中，要注意撒盐均匀，堆放时皮面朝下，肉面朝上，最上

给金华火腿上盐腌制

一层则要求肉面朝下。大约经过一个多月的时间，当腿肉的表面经常保持白色结晶的盐霜时，肌肉坚硬，则说明已经腌好。

由于多次用盐，金华民间有金华火腿腌制秘诀："头盐上滚盐，大盐雪花飞，三盐四盐扣骨头，五盐六盐保签头。"

"头盐"，也叫"出水盐"，是第一次给鲜腿用盐。在腿的皮面、肉面、缝隙以及猪脚上都要涂盐，要将整只猪腿全部涂抹一遍。这时，鲜腿的水分含量最高，因此要用盐以达到去除其水分、抑

制细菌生长和侵入鲜腿内部的目的。第一次用盐量占总用盐量的25%左右。"头盐"用量相对较少。

"上大盐"，指第二次用盐。在第一次用盐后的二十四小时内进行，先挤出腿上残留的瘀血后再上盐，主要是涂在肉面上。由于第一次用盐已被鲜腿吸收，因此需要再次用盐。第二次用盐量占总用盐量的40%左右，是数量最多的一次，故称"上大盐"，也被形象地称为"大盐雪花飞"。

"覆三盐"，指第三次用盐，在上大盐后的第七天进行。视腿只大小、上中下三签部位溶盐情况，重点在肌肉较厚的三签头和沿骨骼部位撒上新盐。第三次用盐量占总用盐量的20%左右。

"覆四盐"，指第四次用盐，在第三次用盐后第五至六天进行。重点用盐是在三签头部位及其骨骼上面，其他部位一般不再加盐。主要是通过上下翻堆调整上下压力，促进鲜腿受压均匀，盐分更加充分吸收，达到进一步脱水的目的。第四次用盐量占总用盐量的10%左右。

"覆五盐"，指第五次用盐，在第四次用盐后的第五天进行。主要针对的是猪肉尚未腌透仍较为松软的部位，重点仍在三签头部位。第五次用盐量较少，属于补盐的性质。

"覆六盐"，指第六次用盐，在第五次用盐后的第五至七天进行。主要还是保证三签头不失盐，第六次用盐量也较少。刷除腿面上残留的盐粒后就转入下一道工序。

总体来说，金华火腿传统制作的用盐量比一般火腿腌制的用盐量要大得多，而且需要六次上盐，上盐次数频繁，上盐间隔时间不一，上盐腌制时间长达一个月。另外，对于上盐数量的判断，主要依靠代代相传的经验。判断上盐是否足够的一个标准就是看鲜腿是否腌透，而如何评价一只鲜腿是否腌透或者说腌得很成功了，则需要相当的经验。上盐腌制是金华火腿腌制技艺中的核心技艺之一，需要多年学习才能有深入的体会并切实掌握。

在笔者的调查过程中，据金华火腿腌制技艺项目国家级"非遗"传承人于良坤介绍，一般 100 斤鲜腿在腌制过程中，总体需要 7—8 斤盐。而且猪的前腿与后腿的制作对上盐量的要求有所不同，猪后腿用盐量相对较少，而猪前腿用盐量相对较多，因为猪前腿内的骨头较多，盐要渗入腿内，就要用更多的盐。

四、浸泡刷洗

鲜腿用盐腌透了之后，称为"咸腿"。咸腿里面其实还留有较多的水分，腿的表面也会黏附较多的污垢和杂质，必须及时洗晒，使之继续脱水，保持洁净，防止吸潮而发生黄糊变质，从而为后期发酵创造必要的条件。整个洗晒操作过程包括浸腿、洗腿。其中浸泡刷洗时，将腌好的火腿放在洗腿池中浸泡，肉面向下，全部浸没，使皮面浸软，肉面浸透。水温 10℃左右时，浸泡约十个

在缸中清洗金华火腿 （兰海波／摄）

在池中洗腿 （雪舫蒋公司／提供）

小时。浸泡后进行刷洗，用竹刷将脚爪、皮面、肉面等部位，顺纹路轻轻刷洗、冲干净，再放入清水中漂一个时辰，也就是两个小时左右。

因为腌好的猪腿表层还有一些没有吸收溶化的盐、污垢和杂质，会形成一层黏着层。应将这一黏着层洗去，否则在晾晒脱水环节时，猪腿内的脱水就会变得困难。

五、晒腿整形

将洗净的火腿每两只用绳连在一起，吊挂在晒腿架上。在日光下晾晒至皮面黄

将火腿吊挂在晒腿架上 （兰海波／摄）

阳光下继续发酵的金华火腿 （兰海波／摄）

亮、肉面溢出油脂，约需晒五天左右。冬季如果温度低，可以晒六天。春季一般晒四五天就可以。在日晒过程中，腿面基本干燥变硬时，就可以加盖厂印、商标，并随之进行整形。把火腿放在绞形凳上，绞直脚骨，锤平关节，捏拢小蹄，绞弯脚爪，捧拢腿心，使之呈丰满状。

六、上架发酵

将整形好的火腿上楼房木架发酵，使火腿成熟出香并利于长期保存。整个自然发酵时间约六个月左右。发酵房一般采用楼房，要求通风、干燥。将晒后的火腿移入室内进行晾挂发酵，使水分进一步蒸发，并使肌肉中蛋白质发酵分解，增进产品的色、香、味。上架晾挂时，火腿要挂放整齐，腿间留有空隙以便通风。经过六个月的晾挂发酵，皮面呈枯黄色，肉面油润。常见肌肉表面逐渐生出绿

发酵的火腿，地上有托盘，用于盛滴下来的油
（宣炳善／摄）

色霉菌，称为"油花"，属于正常现象，表明干燥适度，咸淡适中。

发酵期间要做到稳定发酵房内气温，保证发酵正常。如温度过高，则会加速脂肪氧化、失油过多，成品率降低；而温度过低，又会影响催化酶的活力，不易出香成熟。如湿度过高，易诱发虫害，引起变质；如湿度过低，表层又会结壳硬化，出现外干里不干的情况，影响正常发酵。上架发酵也是金华火腿成功与否的核心技艺之一，这一过程要特别注意温度、湿度变化与通风的程度，具有相当的科学性内容。

发酵初期，一般气温不高而湿度较大，腿的肉面逐渐长满各种霉菌，俗称"上袍"。正常的颜色是绿色或黄绿相间。夏季入伏之后，火腿开始出香，渐趋成熟阶段。

七、修正定型

经过长期的晾挂发酵，腿身干缩，腿骨外露，由于腿身各组织的收缩程度不同，外表就凹凸不平，看起来不太美观。为使火腿外形更为美观，所以还要进行最后一次修正，使其成为完美的竹叶形，这最后一次修正，俗称"修燥刀"。修正的要求是用刀具将龙眼骨分三刀削成中间隆起的三角形，不露眼；削平突出部分的眉毛骨和背脊骨，不扣红，不袒鼻（即不露扁骨）；腿两边多余膘皮修去呈弧形，头脚对直，肉面光洁，平视腿形呈"一直、二等、二比、二看"的竹叶形。修正之后，仍将火腿依次上架，继

雪舫蒋公司员工给火腿修正

续发酵,直至入伏后出香成熟。一般在秋分前后基本发酵成熟。

八、堆叠后熟

经过发酵修整的火腿,根据干燥程度分批落架。按照形状大小擦油堆叠,分别堆叠在木床上,肉面向上,皮面向下,每隔五至七天翻堆一次,使之渗油均匀。经过半个月左右的后熟,即为成品。火腿闻起来更为清香。

九、闻香定级

由于猪腿的质地不同、上盐多少与上盐部位的不同、发酵时间及空间位置不同、温度的细微变化、湿度的差异等原因,成品火腿就有等级差异。金华火腿分特级、一级、二级、三级。通过

堆叠后熟 （雪舫蒋公司／提供）

插签来判断火腿的优劣。签是竹子做的，上端粗大，下端小而尖，每只火腿有三个不同部位，每一签插在不同的部位。三根竹签，根据位置的不同分为上、中、下三签，上签插在火踵上，中签插在中方上，下签插在滴油上。将竹签快速插入火腿的不同部位，停顿一会后拔出，再闻竹签插入部分的气味。

特级腿的要求：腿心饱满如竹叶，细皮，爪要弯，脚踝要细，皮色黄亮，刀工光洁，脂肪厚度不能超过2厘米，三签都要有很好的香味。

一级腿的要求：三签中两签要有很好的香味，另一签香味好，但三签中的任何一签都不能有异味。腿心较饱满，皮薄脚小，刀工较光洁，皮面平整。

二级腿的要求：三签中只有一签有香味，其他两签不能有异味。

用于闻香定级的竹签

三级腿的要求：三签中一签有异味但无臭味。

在一般情况下，特级火腿和一级火腿套红圈，二级火腿套黄圈，三级火腿不套圈。火腿分类好以后，便可包装出售。

金华火腿经过这样九道工序，冬季低温腌制、冬春季节中温脱水、夏季高温发酵，在秋季视火腿的发酵成熟情况，就可以

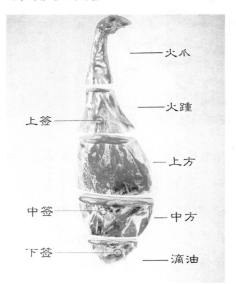

火爪

火踵

上签

上方

中签

中方

下签

滴油

金华火腿的上、中、下三签

在市场上流通了。所以一般下半年秋季天气转冷时节，正是传统制法的金华火腿上市的时候。

[肆]制作技艺的改进

传统的金华火腿制作技艺在金华民间代代传承，其技艺也在

不断改进。在民国时期，金华火腿制作技艺逐渐向公司发展传承的方式转变。1946 年，金华火腿厂成立。但由于战争不断，通货膨胀十分严重，一般人根本吃不起金华火腿。据 1947 年 7 月 22 日杭州《东南日报》刊登的《浙江特产之一：金华火腿》一文记载："战前蒋腿（指东阳雪舫蒋火腿）每斤约七角，现约二万元，计涨三万倍。目前人民生活艰难，吃肉者也不多，吃火腿者更少。因此，市场亦日见萎缩。"1949 年新中国成立以后，金华火腿也受到了政府的重视。龚润龙在其《金华第一家公私合营火腿厂及发展》一文中提到：1954 年，龚润龙任金华火腿厂第一任书记兼厂长、董事长，开始筹建公私合营金华火腿厂。

1956 年秋天，龚润龙、厉世奎两人代表浙江省出席了商业部在"天府之国"召

1954 年公私合营金华火腿厂成立纪念

开的全国肉制品经验交流会。在会上，两人介绍了生产经验，进行了现场技术表演，博得了二十五个省市区与会代表的好评。考虑到金华火腿后继乏人，于是金华火腿厂开始智力投资，培训技术人才。1956年招收了全区第一批火腿学徒进厂，订立师徒合同，手把手地教学，后来这批学徒中多数成为企业的主要技术骨干。于良坤当了技术副厂长，陈文高当了技术科长，王炳福当了车间主任，极大地充实了企业的技术力量。为了进一步开发技术人才，1957年又创办了全国第一所厂办火腿中学，由龚润龙任校长，招收了三十二名学员，实行半工半读，既学文化，又学技术，注重实践。经过一年多时间的教学活动，择优录用。到1986年还有十多人留在本厂或乡镇企业担任技术把关师傅，为后来金华火腿的发展打下了坚实的技术基础。在金华火腿厂培养的一批学徒中，其中的于良坤后来被评为金华火腿腌制技艺项目国家级非物质文化遗产代表性传承人。

1976年"文化大革命"结束后，地方政府高度重视金华火腿制作技艺的改进，采用技术攻关的方式，促进金华火腿制作技艺不断科学化，使之符合时代的发展。据《金华文史资料第十五辑·火腿春秋》提供的史料，"文化大革命"结束后，中国的经济与社会开始步入正轨，中国开始走向改革开放。金华火腿的传统生产技艺也开始有了新的进展。金华火腿加工技术研究已在1978

年列入商业部科研项目，新技术研究小组就设在东阳火腿厂。金华火腿加工新技术研究小组也在同年成立，由金华地区食品公司经理任组长，小组成员有副厂长一名、生化技术员三名、机械方面的工人两名。

　　金华火腿加工新技术研究会议于 1978 年 4 月 20 日至 22 日在东阳县召开。参加会议的有浙江省商业局、浙江省食品公司、金华地区食品公司、东阳县食品公司、东阳县火腿厂、杭州大学生物系和物理系、浙江大学机械系、江西省食品发酵工业科学研究所、浙江商业学校、浙江省卫生防疫站、浙江省水电局机械修配厂、金华肉类联合加工厂和东阳县科委、计委、工办、财办、物资局、商业局、防疫站等单位的代表共三十八人。会议期间，传达了《商业部（77）商机第 39 号文件》和《浙江省商业局基（78）第 4 号文件》精神，拟进行"金华火腿加工新技术研究"的 1978 年商业科学研究计划；听取了东阳火腿厂关于金华火腿的历史、目前整个加工工艺过程和技术情况的介绍，并参观了东阳火腿厂；讨论了需要研究的问题。会议同时明确东阳县食品公司火腿厂作为"金华火腿加工新技术研究"的承担单位，并落实杭州大学化学系等有关单位为协作单位。代表们认为会议开得适时、必要，一致认为：加强协作，密切配合，把金华火腿这一我国著名的传统特产的加工科学提高到一个新水平。

会议根据金华火腿现行的加工工艺和技术要求，对一些问题进行了讨论。

在火腿腌制和发酵方面：要研究微生物的生物学特征和化学作用，要解决缩短火腿腌制、发酵和成熟周期的问题，同时又不能降低火腿质量。要求东阳县火腿厂在 1979 年前写出规律性的研究报告。

当时关于金华火腿传统制作工艺改进方面，主要集中在以下四个问题上：

1. 金华火腿沿袭了历史的腌制方法几百年，为什么只能在立冬始、立春止进行季节性加工？气候的条件对火腿腌制质量的影响是什么？

2. 金华火腿的色、香、味是食盐渗透鲜腿肌肉的变化过程，还是通过自然发酵酶菌的作用？

3. 金华火腿腌制后，须有多少时间上楼晾挂、发酵才能成熟出香？是什么酶菌起作用？

4. 是否有防止金华火腿不氧化，确保久储保管不变质的技术措施？

这里可以看出，在 1978 年，当时人们对金华火腿的成熟机制还是停留在经验阶段，而且还不清楚金华火腿的色、香、味到底是食盐渗透鲜腿肌肉的变化过程，还是通过自然发酵酶菌的作用。

现在通过大量的科学实验，我们已经知道金华火腿的色、香、味主要是自然发酵酶菌的作用，而盐只是起到一个催化的作用。

金华火腿加工新技术研究小组在两年的科研实践中已经取得可喜的成果，用科学的方法控制一定的温度、湿度，在洗晒火腿方面采取了有效的措施，能不经太阳晒而皮色同样发亮，火腿不长霉菌同样发香、成熟。

在金华火腿制作技艺的改进方面，除了前面所说的成立金华火腿加工新技术研究小组外，科研人员面临当时农户饲养杂交猪多的实际情况，还发现杂交猪只要母本是金华猪，杂交猪的猪腿也是制作金华火腿的好原料。这样就突破了以前只有用金华猪才能做最正宗的金华火腿的老传统。

另外，1979 年通过金华市地委的调查，发现四个问题：

1. 火腿产量少。1979 年大约是五十万只左右，较新中国成立初期是有了很大发展，但是和之前历史最高产量的八十三万只还相差较多。

2. 质量不够稳定。有时因鲜腿质量不好，操作不当，阴雨天多，洗晒不好，影响成品质量。

3. 加工腌制时间长，成本较高，所以售价也较高。

4. 至今没有一种科学检验方法，还是用竹签闻香的老办法，而且没有介绍食用和保存方法的商品说明书。

另外，通过多年的调查与开会讨论，火腿从业人员也逐渐意识到金华火腿生产发展不快的主要原因是腌制方法一直沿用千年以来的"两把刀，一把盐"以及看天晒腿的古老生产方法，几百年来极少研究改进。现在鲜腿常年大量供应，可是不能常年大量加工。传统方法的短处是：

1. 每年加工时间短，只能在冬季加工四十至五十天。

2. 成熟期长，要经过冬季盐腌、梅雨季节上楼、伏天洗晒等工序。一般要经过八至十个月才能出厂销售。

3. 完全依赖气候变化，天气好坏直接影响火腿质量好坏。火腿品质难以掌握。

4. 盐腿要上楼挂，下楼洗，多日太阳晒，花费劳动力多，劳动强度大。

因此，这些传统技艺需要在继承的基础上进一步改进。

金华火腿传统制作技艺也有许多弊病，以前火腿晾晒、发酵等都在室外进行，容易受苍蝇、蚊子的虫害，而且灰尘也很多，容易脏，不太卫生。家庭作坊生产完火腿后，往往挂晒在房梁上，容易被老鼠啃咬，这样就更不卫生。所以传统工艺有需要改进的地方。后来，人们在宽大明亮的发酵房内发酵火腿，有专门的通风设备，如排风扇等，卫生条件就提高了。

另外，历史上金华老百姓加工火腿的经验也需要总结，取其精华。如过去火腿落楼前，要用菜油擦过，可避免毛虫侵害，使火腿油光发亮，现在一般不擦了，这个传统民众认为需要传承下来；过去霉季不修腿边，现在霉季也修腿边了，这也是制作技艺的改进。

金华火腿的饮食传统与名人效应

自明清以来，在中国历史上，金华火腿一直是高档食材，多为皇家、显贵食用。在民间，金华火腿往往是在生病与怀孕时作为进补食用，因此属于滋补品。

金华火腿的饮食传统与名人效应

[壹]金华火腿药食同源的饮食传统

由于金华火腿的高端品牌形象，金华火腿在江南一带的民众生活中曾扮演过重要的角色。在 20 世纪七八十年代，上海的新女婿见丈母娘，往往要带"一挺机关枪"——金华火腿，"两个手榴弹"——两瓶酒，"两包子弹"——两包香烟。在这些礼物中，金华火腿最为重要。这个以上海为中心的长江三角洲，形成了金华火腿的主要消费市场，金华火腿与长江三角洲一带的民众生活密切联系在一起。虽然现在上海人不再流行见长辈送火腿的方式，但在重要节日期间，很多老派的上海人还是会采购金华火腿制作节日佳肴。现在上海市黄浦区南京东路有一家百年老店，名为"三阳南货店"，创立于清同治九年（1870 年），主要销售江浙一带的各式干货，其中就有金华火腿。据民俗纪录片《舌尖上的中国》第一季第四集《时间的味道》的介绍，在 2012 年春节，仅三阳南货店就卖出一万三千多条金华火腿，而且全部都是采用传统制作工艺制作而成的。

自明清以来，在中国历史上，金华火腿一直是高档食材，多为皇家、显贵食用。在民间，金华火腿往往是在生病与怀孕时作为进补食用，因此属于滋补品。正常的金华火腿的颜色因为发酵时间长达六个月以上，所以呈玫瑰的暗红色。火腿可以说是时间的味道，时间的艺术。金华火腿的这个特点，在当代中国的纪录片中也有一定的反映。2012 年中央电视台纪录片《舌尖上的中国》第一季第四集《时间的味道》对金华火腿的介绍是："在距古徽州不远的浙江金华，有一种更加著名的火腿，肌红脂白，香气浓郁，肉色鲜艳，滋味鲜美。"《时间的味道》这一集主要讲述中国传统的腌制发酵食品，如东北朝鲜族泡菜、西南苗族腌鱼、广东腊味、浙江金华火腿、台湾乌鱼子等。在这些传统腌制发酵食品中，最享有盛名的就是金华火腿。

火腿性温、味甘咸，具有健脾开胃、生津益血、滋肾填精之功效，可用以治疗虚劳怔忡、脾虚少食、久泻久痢等症。江南一带常以之煨汤作为产妇或病人病后开胃增食的食品。火腿有加速创口愈合的功能，现已用为外科手术后的进补食品。在清代的时候，当时人就将金华火腿当作滋补养生的食疗食品。清代赵学敏《本草纲目拾遗》卷九"兽部"之"兰熏"条记载金华火腿的药用功能，将金华火腿作为食疗的主要代表。文中说：

凡金华冬腿三年陈者，煮食气香盈室，入口味甘酥，开胃异常，为诸病所宜。

……

味咸甘，性平。陈芝山云：和中益肾，养胃气，补虚劳。陆瑶云：生津，益血脉，固骨髓，壮阳，止泄泻虚痢，蓐劳怔忡，开胃安神。《药性考》：火腿咸温，开胃宽膈，病患宜之，下气疗噎。腹痛或三四日不止，《笔苑仙丹》：火腿肉煎汤，入真川椒在内，撇去上面浮油，乘热饮汤止久泻。《救生苦海》：陈火腿脚爪一个，白水煮一日，令极烂，连汤一顿食尽，即愈，多则三服。此予宗人柏云屡试屡效之方也。《百草镜云》：火腿出浦江县，胫骨细者真，陈者佳，皮上绿霉愈重，其味愈佳。须洗去垢及黄油用。

金华火腿有养胃补虚补血的功能，因此，民间多用于食补。金华火腿还对治腹泻有特别的功效。清代浙江海宁人王士雄《随息居饮食谱》"毛羽类"之"兰熏"条也记载：

兰熏一名火腿，甘咸温，补脾开胃，滋肾生津，益气血，充精髓。治虚劳、怔忡，止虚痢、泄泻，健腰脚，愈漏疮。以金华之东阳，冬月造者为胜；浦江、义乌稍逊；他邑不能及也。逾二年，即为陈腿，味甚香美，甲于珍馐，养老补虚，洵为极品。

取脚骨上第一刀,俗名腰封。刮垢洗净,整块置盘中,饭锅上干蒸闷透,如是七次,极烂而味全力厚,切食最补。然必上上者,始堪如此蒸食,否则非咸则硬矣。或老年齿落,或病后脾虚少运,则熬汤,撇去油,但饮其汁可也。

外感未清、湿热内恋、积滞未净、胀闷未消者均忌。时病愈后,食此太早,反不生力,或致浮肿者,皆余邪未净故耳!

王士雄《随息居饮食谱》将金华火腿概括为"养老补虚,洵为极品",既是高度的赞美,也是事实的陈述。金华火腿营养价值高,含有多种氨基酸,特别适合年老、体衰的人食用,滋补功能明显。食用金华火腿,首先要懂得金华火腿的一般常识,如不懂或疏于处理,会影响金华火腿的色、香、味。

火腿不能长期放在日光直射、高温、近火、煤烟飘熏处或潮湿的地方,通常应悬挂在室内通风干燥而清洁的地方。整腿往往一次吃不完,剩余之腿,应妥善保管,才能保持原有风味。购买火腿后,无论什么包装,带到家后即将包装物除去,将火腿悬挂在通风阴凉处。一只完整火腿,若保管得当,两三年后仍可保持原有的色、香、味、形。已经斩切或零斩过的火腿,应在刀口处涂上植物油,再贴上一层聚乙烯膜或油纸,既能防走油,又能防刀口处脂肪氧化,产生哈喇味。有条件的,储存在冰箱0℃—5℃

环境下，可存放更长时间。

至于火腿肉上面的发酵层，那是制作过程中酵母菌等有益菌落层，不但不会影响火腿肉质和香味，反而能起防腐、防虫、防干裂、防污染等保护作用，平时不必揩刮，只要在食用前削刮即可。腌制发酵成熟后的金华火腿表面有发酵氧化层，这个氧化层很薄，却对内部肉质起着保护作用。

将买来的整只金华火腿撕掉外包装后拎起来，自上而下可分为火爪、火踵、上方、中方和滴油五个部分。火爪也就是火腿的脚蹄，滴油是整只火腿最下端的部分，火爪与滴油可以炖汤或与其他肉类一起炖，往往要炖很长时间。火踵可作整料炖或切块、半圆片或圆片等，也是带皮食用。上方是火腿中质量最好的部位，肌肉均匀致密，肉质细嫩，约占全腿重量的 35% 左右，可供制作火方及切片、花形片等，上方可以做成著名火腿菜"蜜汁火方"。中方所占重量与上方相仿，通常作切丝、片或条块。另外，火腿皮和火腿骨，鲜香味浓，可与其他食材混炖，作提味增鲜之用。烧火腿皮时，撒上些白糖，能使火腿皮提早熟透出味。

食用金华火腿之前，必须先将肉面褐色的发酵保护层仔细地切掉。皮面先用粗纸揩拭，再用温水刷洗干净。清洗即将食用的整只火腿，温水中可泡入少量碱面，洗后再用清水冲清。可用大号菜刀将腿爪和滴油斩下，使火腿成为三段。腿身中段可用刀从

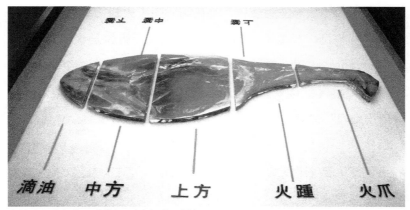

上丁 上方 火踵 火爪

滴油　　中方　　　上方　　　　火踵　　火爪

火腿的上方部位品质最好　（宣炳善／摄）

肉面拉开，拆去骨头。

金华火腿的吃法很多，一般分炖和蒸，不适合炒着吃。下面介绍两种方法：

一、炖火腿法

金华火腿同猪爪、蹄髈、鸡、鸭、鲜笋等同炖，炖烂熟透即可。若火腿与鸡整只同炖，名为"一品锅"，做此菜时除适当用盐和黄酒外，切不可加酱油，否则有失火腿本味，可加香菇、木耳等配料，是一道可口滋补的佳肴。

采用炖法的火腿鲜笋汤也是传统特色菜肴，同时也是病后食用的滋补食品。这在《红楼梦》中就有记载。说来有意思的是，也许是曹雪芹对火腿作为病后食用的滋补功能特别关注，《红楼梦》

中贾宝玉和林黛玉生病之后，都在病后喝了火腿汤。贾宝玉喝的是火腿鲜笋汤，林黛玉喝的是火肉白菜汤，也就是火腿白菜汤。在清代，金华火腿在京城已享有盛名，因此也多成为当时达官贵人家的饮食。《红楼梦》第五十八回"杏子阴假凤泣虚凰　茜纱窗真情揆痴理"记载：

接着，司内厨的婆子来问："晚饭有了，可送不送？"小丫头听了，进来问袭人。

……

一时，小丫头子捧了盒子进来站住。晴雯麝月揭开看时，还是只四样小菜。晴雯笑道："已经好了，还不给两样清淡菜吃！这稀饭咸菜闹到多早晚？"一面摆好，一面又看那盒中，却有一碗火腿鲜笋汤，忙端了放在宝玉跟前。宝玉便就桌上喝了一口，说："好烫！"袭人笑道："菩萨，能几日不见荤，馋的这样起来！"一面说，一面忙端起轻轻用口吹。因见芳官在侧，便递与芳官，说道："你也学着些伏侍，别一味呆憨呆睡。口劲轻着，别吹上唾沫星儿。"芳官依言果吹了几口，甚妥。

……

芳官吹了几口，宝玉笑道："好了，仔细伤了气。你尝一口，可好了？"芳官只当是顽话，只是笑着看袭人等。袭人道："你就尝一口何妨。"晴雯笑道:"你瞧我尝。"说着就喝了一口。芳官见如此,自己也便尝了一口,说:"好了。"递与宝玉。宝玉喝了半碗,吃了几片笋,又吃了半碗粥就罢了。

在《红楼梦》第五十八回的描写中,因为贾宝玉的病好了,需好好调理滋补身体,而送来的四样小菜中正好有一碗火腿鲜笋汤。晴雯就连忙端出来让宝玉吃,结果因为太烫,袭人就让芳官来吹吹凉。最后贾宝玉喝了半碗火腿鲜笋汤,吃了几片笋,又吃了半碗粥。从这些文字描述中,可以看出火腿鲜笋汤适合病后身体调养,晴雯就很懂这一饮食之道。在《红楼梦》第五十七回中,贾宝玉听紫鹃说林黛玉很快就要回苏州老家,不再待在贾府,心里一着急,就一下子生病了,王太医诊断为急痛迷心的痰迷之症,后来贾宝玉就服了祛邪守灵丹及开窍通神散各样上方秘制诸药,又服了王太医开的药方,后来身体就好起来了。从第五十八回的小说中可以看出,火腿鲜笋汤里有笋,却并没有火腿,可见火腿鲜笋汤中的火腿主要是用来炖成汤的,火腿用来提鲜,火腿中的营养都融入了汤中。

第八十七回则讲林黛玉生病,紫鹃则让人准备一碗火肉白菜汤补一下身子。《红楼梦》第八十七回"感深秋抚琴悲往事　坐禅寂走火入邪魔"记载:

　　紫鹃走来，看见这样光景，想着必是因刚才说起南边北边的话来，一时触着黛玉的心事了，便问道："姑娘们来说了半天话，想来姑娘又劳了神了。刚才我叫雪雁告诉厨房里给姑娘作了一碗火肉白菜汤，加了一点儿虾米儿，配了点青笋、紫菜。姑娘想着好么？"黛玉道："也罢了。"紫鹃道："还熬了一点江米粥。"黛玉点点头儿，又说道："那粥该你们两个自己熬了，不用他们厨房里熬才是。"紫鹃道："我也怕厨房里弄的不干净，我们各自熬呢。就是那汤，我也告诉雪雁和柳嫂儿说了，要弄干净着。柳嫂儿说了，他打点妥当，拿到他屋里，叫他们五儿瞅着炖呢。"黛玉道："我倒不是嫌人家肮脏，只是病了好些日子，不周不备，都是人家。这会子又汤儿粥儿的调度，未免惹人厌烦。"

　　……

　　一面盛上粥来，黛玉吃了半碗，用羹匙舀了两口汤吃，就搁下了。两个丫头撤了下来，拭净了小几端下去，又换上一张常放的小几。黛玉漱了口，盥了手，便道："紫鹃，添了香了没有？"紫鹃道："就添去。"黛玉道："你们就把那汤和粥吃了罢，味儿还好，且是干净。待我自己添香罢。"两个人答应了，在外间自吃去了。

在这一回中，林黛玉说自己病了好些日子，不周不备，后来在紫鹃的劝说下，还是喝了两口火肉白菜汤，吃了半碗江米粥。"火肉白菜汤"这道菜也是以火腿提鲜，给病后的林黛玉开胃滋补身体。《红楼梦》第十六回还提到王熙凤建议赵嬷嬷吃"火腿炖肘子"，这道菜金华人则称为"金银蹄髈"，即用金华火腿与新鲜的猪蹄为料，文火慢炖，也是十分滋补有营养。除了《红楼梦》，清朝人在炖金华火腿方面其实很有经验，如清代顾仲《养小录》（清学海类编本）卷下"煮蛋"条中记载："鸡鸭蛋同金华火腿煮熟，取出，细敲碎皮，入原汁再煮一二炷香，味妙。剥净冻之更妙。"

二、蒸火腿法

蒸火腿法可分为清蒸和混蒸。清蒸，取金华火腿精华部分，以上方、中方为宜，去皮去骨，切成立方体块状，置于碗中，放少量黄酒，可适当加冰糖，不放水，碗上加盖在锅中蒸熟即成，味极香而甜美，是食欲不振或病后养生的佳肴。蒸火腿法中最典型的就是"蜜汁火方"这一火腿菜。"蜜汁火方"的做法在清代已有，不过和当代做法有所不同。清代袁枚《随园食单》之《特牲单》的"蜜火腿"条记载：

　　取好火腿，连皮切大方块，用蜜酒煨极烂，最佳。但火腿好丑、高低，判若天渊。虽出金华、兰溪、义乌三处，而有名无实

者多。其不佳者，反不如腌肉矣。惟杭州忠清里王三房，四钱一
斤者佳。余在尹文端公苏州公馆吃过一次，其香隔户便至，甘鲜
异常。此后不能再遇此尤物矣。

在美食家袁枚的心目中，好的火腿出自金华、兰溪、义乌三
处，但在袁枚看来，好的火腿不多。袁枚的"蜜汁火方"主要用
的是甜酒与火腿中的上方一起炖。现在的"蜜汁火方"的用料一
般是火腿的上方、莲子、蜜枣、蜂蜜等。著名的金华火腿菜"蜜
汁火方"则采用当地特产兰溪蜜枣、武义宣莲、金华火腿的上方

火腿宴，中间是"蜜汁火方"与火腿冬瓜汤

或中方合蒸而成。混蒸，则是同蔬菜或鱼鲜等混合同蒸，其花色品种繁多。

除了炖和蒸，火腿还可以加工成火腿月饼，其产品的附加值更高。国内常见的火腿月饼分两种。滇式火腿月饼用的是云南特产的宣威火腿，加上蜂蜜、猪油、白糖等为馅心，用昆明呈贡的紫麦面粉为皮料烘烤而成。与滇式月饼用云腿相比，广东和香港一带的金腿月饼则以金华火腿为主料做的。广东的月饼加工厂，每年都要向金华采购很多的火腿，主要用于制作火腿月饼。

[贰]金华火腿的历史名人效应

自明清以来，金华火腿走出金华，在首都北京已享有盛名。在历史名人的推动下，金华火腿凭借其独特的风味与饮食功能，在全国的影响力日益扩大。在 1905 年后，更是通过万国博览会向世界传播。这些历史名人如胡雪岩、林则徐、鲁迅、毛泽东、蒋介石、林语堂、梁实秋等，他们与金华火腿的故事使金华火腿更具有历史传奇性，也增加了这一传统食品的文化魅力。下面一一予以介绍。

一、胡雪岩与金华火腿

首先是清代的红顶商人胡雪岩对金华火腿的推动作用。在清代，金华火腿开始闻名全国，这与商人胡雪岩有很大的关系。而在这一过程中，东阳人蒋雪舫作为精明的火腿商人很快就闻到了其中的商机。蒋雪舫可谓是浙商的先驱之一。

关于蒋雪舫与胡雪岩的火腿故事，民间有两种版本。

第一个版本是说蒋雪舫在杭州经营火腿时与胡雪岩相识，恰逢胡雪岩之母寿辰，他便携带自己精心腌制的上好火腿，亲临胡府祝贺。这色香味俱全的火腿成了胡母寿宴席上的珍馐，得到与宴官员及各路宾客的好评。这次机敏的营销取得了超乎寻常的效果，胡雪岩当即与蒋雪舫商定，"雪舫蒋"火腿推广一事由他包了。第二年，胡雪岩购买了蒋氏全部的上好火腿，送往北京官宦人家，得到非常高的评价。胡雪岩当年所交往的都是官场中的显宦，这些高官吃到这种独特的金华火腿，都赞不绝口，问胡雪岩这种火腿产自何处，胡雪岩说购自浙江东阳之上蒋，"蒋腿"的名声就在官场中传开了。"蒋腿"一经品题，"雪舫蒋"就名满京师。其实，在明清时期，金华火腿早已名满京师，而"雪舫蒋"只是金华火腿的品牌之一，虽然是最有名的品牌。

第二个版本则更具有传奇性，并与狗腿的腌制联系在一起。清咸丰年间，胡雪岩因左宗棠的关系在清廷中已大红大紫，咸丰帝封他为"红顶商人"，这一消息传到浙江东阳县上蒋村火腿业主蒋雪舫的耳中。蒋雪舫是精制火腿的行家，为了讨好胡雪岩，蒋雪舫精心腌制了八只火腿，在大年初二那一日亲自赴杭州城送到胡府。胡雪岩第二天就大设火腿宴，抚台大人大为赞赏。于是胡雪岩就对蒋雪舫十分赏识，为"雪舫蒋"火腿走向全国起到了推动作用。

　　蒋雪舫精制的火腿与众不同，特别香馥美味。说来也是无巧不成书，蒋老板作坊里的一个老师傅，平时喜欢吃狗肉。有一天，他正打到一条野狗，刚屠宰好，蒋老板来了。在作坊里私自宰狗，老板最忌讳，幸亏小徒弟在门口及时通报老板到了，他赶忙把整条狗丢进腌制火腿的石缸里，盖上缸盖。原来蒋老板要他到苏、杭去跑一趟生意，因为走得匆忙，他只对小徒弟指指缸，小徒弟马上领会，知道师傅不会三五天就回来，晚上便悄悄地把缸里的狗抹上盐、花椒香料，与火腿腌在一起。半个月后，老师傅回来，小徒弟就告诉师傅。师傅揭开缸盖，一股从未有过的火腿奇香，把师傅、徒弟惊呆了。蒋雪舫得知这消息大喜，还特地奖赏师徒一百元银洋，并要他们保密。这样一来蒋雪舫的生意越来越红火，他制作的火腿行销大江南北。这年冬天，胡雪岩进京办事，在平时他进京拜见京城大佬，除了备重礼外就是馈赠土特产。这次他特地吩咐蒋雪舫精制二百只金华火腿，带进京亲自拜见恭亲王、醇亲王、太监李莲英等人，受馈赠的王公大臣都交口称赞金华火腿美味可口，与众不同。

　　其实，做火腿时加入狗腿只是一则民间传说。现代作家曹聚仁是金华人，确切地说是兰溪人，对家乡的金华火腿制作十分熟悉，曾质疑腌制火腿时要夹杂狗腿的传说。曹聚仁写《火腿的传奇》一文力辩其无，并反驳说："假使狗腿有决定性作用，为什么其他地方不放上一只狗腿呢？"估计这是民间老百姓文学化的想象，这也说明金华火腿的香味不一般。

二、林则徐与金华火腿

据龚润龙《火腿情缘》一书提供的材料，清代的林则徐喜欢吃金华火腿。清代义乌人王恒山精于制火腿，为扩大市场，王恒山在苏州创办了"慎可火腿行"，生意红火。道光乙未年（1835年），苏州瘟疫四起，百姓多有死亡。王恒山知道陈火腿爪可以入药，于是将火腿行里大批火腿的脚爪切下煮成汤，免费让患者服用，使疫情得到了有效控制。当时林则徐是江苏巡抚，为王恒山的义举感动，听说王恒山在故乡义乌正在建造新厅，于是制匾一块相赠，并亲手书写"培德堂"三字，上款为道光乙未年，下款署名为"少穆林则徐"。这块匾至今仍悬挂在义乌市佛堂镇田心村的新厅中

林则徐书写的匾额"培德堂"

堂上首，吸引许多国内专家学者前来考察。

三、鲁迅、毛泽东与金华火腿

鲁迅给毛泽东送金华火腿的历史是一段佳话。随着研究的深入，我们也发现鲁迅先生曾通过浙江义乌人冯雪峰，给当时在陕北的毛主席送过金华火腿，以表达对共产党的支持。冯雪峰在义乌农村长大，对家乡特产金华火腿当然十分熟悉，也正是冯雪峰向鲁迅建议送当时的浙江特产金华火腿给陕北的毛主席。鲁迅是浙江绍兴人，对于浙江特产当然十分熟悉，而且鲁迅本人也非常喜欢炖金华火腿汤以滋补身体。当然，鲁迅吃的金华火腿有很多是义乌人冯雪峰送的。

中央档案馆研究馆员孔繁玲在 2004 年第 6 期的《党的文献》上发表了一篇题为"鲁迅确曾向陕北托送过金华火腿"一文。《党的文献》是由中共中央文献研究室和中央档案馆共同主办的中央级学术理论刊物，由邓小平题写封面刊名，是全国一级中文社会科学核心期刊，主要刊发党史方面的考证与理论文章，具有相当的权威性。这篇文章说明了一则历史事实，即鲁迅通过冯雪峰曾两次向陕北的党中央送金华火腿。第一次托送的八只金华火腿由于当时战争的原因，陕北方面没有收到；后来鲁迅第二次托送金华火腿四只，毛主席等人终于收到。孔繁玲研究员的论文通过原始档案考证指出：

1936年4月下旬，冯雪峰受中共中央派遣，从陕北苏区秘密前往上海，建立上海联络局以开展上层统一战线工作。在沪期间，冯雪峰与鲁迅过从甚密。5月28日，冯雪峰（化名李允生）从上海向中央领导人张闻天、周恩来写回了首份工作报告。其中写道："此外有金华火腿八只系鲁迅送给毛主席、洛甫、恩来诸人的，买的时候我请他多买了几只，因此除了你们二人之外，请分一点给王主任、罗迈、林伯渠、董必武、张浩诸人。"在报告中，冯雪峰告知中央，涂振农、马海德、斯诺等将于1936年6月3日启程赴陕，并携带鲁迅托送给中共中央八位领导人的八只金华火腿及他的本次报告等。

但1936年6月中下旬，陕北苏区正处在一个非常时期。东北军不得不执行蒋介石进犯苏区的命令，奉命分三路向中共中央驻地瓦窑堡推进，国民党中央军也共同配合进攻。针对事态的发展，中共中央决定撤离瓦窑堡并寻找新的驻地。6月下旬，中央机关开始西移。为使鲁迅再次托送的火腿务必能够送达，冯雪峰特委托"余兄亲自带上"。所称"余兄"是中央派驻上海专门负责陕北苏区与上海联络局之间联络的，且仅与冯雪峰单线联系的秘密交通员。这是中央为保障与上海联络局之间联络更加安全，而新建立起来的一条更加秘密的联络渠道。

中央档案馆的史纪辛在 2003 年第 10 期《鲁迅研究月刊》的一篇题为"鲁迅托送金华火腿慰问中共领导人史实再考"文章中则揭示了鲁迅先生拥护中国共产党的政治立场。文章指出，在第一次托送金华火腿未果之后，鲁迅又第二次托送金华火腿慰问中共中央领导人，这其中当然不仅仅只是表明鲁迅的执着与认真，更重要的是体现出鲁迅对中国共产党人的关心和对中国革命事业的支持与拥护。"拥护毛、洛、恩等兄之情难却"，表达出鲁迅对中国共产党及其党的领袖所怀有的深厚感情。鲁迅在这期间对中国共产党的路线、方针、政策有如此深刻的理解，无疑在很大程度上是从冯雪峰的口授中得到的真传。鲁迅托带的金华火腿被远行的人们千里迢迢设法带入陕北苏区，传递到中共领导人手中，使党的领导人真切感受到了鲁迅的深情厚谊。鲁迅的这一举动体现了他对中国共产党的热爱。

当事人王金昌在《鲁迅送毛泽东金华火腿》（2009 年 9 月 4 日《文学报》）一文中也说：

> 有人考证，鲁迅前后送过两次火腿，第一次没有送到，第二次送到了。有人说，火腿不是鲁迅托冯雪峰送的，而是一些教授先生们送的。也有人说，教授们送并不说明鲁迅没有再送。众说纷纭，莫衷一是，除冯雪峰外，没有人再出来作证。但是，我

是当事人，是我亲自送到毛主席手里的，这一点千真万确。鲁迅先生送来的书籍和食物，包括火腿、肉松、巧克力糖等，单独放在一起，占了整个一麻袋。毛主席看见鲁迅送的食物，沉思了一阵，然后大笑，风趣地说："可以大嚼一顿了。"

说来有意思的是，在当时国共两党斗争的 20 世纪 30 年代，知识分子向陕北红军托送金华火腿的除了在上海的鲁迅，还有北京的许德珩。许德珩是九三学社的创始人，后任全国政协副主席、全国人大常委会副委员长。陈福季在《党的文献》2004 年第 3 期一篇题为"鲁迅托人向延安送过金华火腿吗？"的文章中，引用许德珩的回忆说：

1934年12月，徐冰、张晓梅告诉我们，毛主席率领中央红军已经到达陕北。我们听了很高兴，并问毛主席他们在那里生活上有什么不方便的吗。徐冰说，生活比较艰苦，最缺三样东西，一是没有鞋穿，二是没有时表，三是缺少吃的东西。于是我当即拿出几百块大洋，让劳君展和张晓梅去买东西。她们在东安市场买了三十几双布鞋，十几只金华火腿，十二只怀表（十块大洋一只）。这些东西都交给了徐冰他们带到陕北。

在 20 世纪 30 年代，北京以许德珩为代表的知识分子与上海以鲁迅为代表的知识分子都向当时陕北方面送过金华火腿，这一方面说明当时知识分子对陕北红军革命事业的支持，同时也说明金华火腿在当时中国人心目中的品牌地位。当时包括毛主席在内的很多领导人都知道金华火腿，金华火腿实际上已成为送礼的高档礼品。

四、蒋介石与金华火腿

说来也许是历史的巧合，国共两党领导人都与金华火腿有过历史的交集。如果说当时的知识分子给陕北的毛主席送金华火腿说明他们对共产党事业的大力支持，那么，蒋介石与金华火腿的关系就不那么可爱了。在民国历史上，金华火腿居然以伪装成高档礼品的方式成为刺杀蒋介石的工具。

高竞溢《"暗杀大王"王亚樵庐山行刺蒋介石内幕》(《文史春秋》2005 年第 1 期）一文记载：

> 1931年，蒋介石与胡汉民之间的矛盾日益尖锐。不久，胡汉民便被老蒋软禁，这样一来，使得胡汉民的部下们愤然反蒋，准备对蒋介石行刺。就连孙中山之子孙科也派出亲信，去联系上海滩上有名的杀手王亚樵，并以巨额经费作为费用。王亚樵被称为民国史上的"暗杀大王"和"民国第一杀手"。中国现代史中

许多暗杀事件都与他有关联。他在上海组织起自己的斧头党，硬是在上海滩杀出一片天地，让上海滩的几大帮派都得让他三分。这一次刺蒋，除了受胡汉民亲家林焕庭所托外，也是他本人的一个心愿。王亚樵与蒋介石的关系一直十分恶劣，刺蒋一直是他计划中的事情。

王亚樵在南京、庐山、上海都分设行动小组，伺机刺杀蒋介石。1931年6月，蒋介石将去庐山太乙村的消息被王亚樵探知，于是他令手下十余人化装成游客，潜往庐山。由于一路上关卡重重，枪械无法携带，他们便买了金华火腿，用刀将中间挖空，然后再把枪置于其中，再用针缝好，外面涂上一层盐泥，几乎天衣无缝。一路上都十分顺利，到了太乙村后，他们取出了枪，却将火腿随意扔进了树丛之中。不料，蒋介石的侍卫在山林中偶然发现了一只火腿，这只火腿一切都很好，可就是中间被挖空了，而且明显是有人用刀削空的。他们分析一定是有人夹带武器上了山，因此他们一方面加强了警戒，一方面封山搜索……最后，刺客被击毙，刺蒋计划失败了。

中国第二历史档案馆的研究员杨云在一篇题为"庐山刺杀蒋介石周密计划毁于火腿"（发表于全民国防教育网，2009年3月9日）的历史考证文章中对此历史事件的政治背景及刺杀活动有更多细节内容披露：

庐山刺杀未遂案件渐渐得到披露，行刺的对象正是蒋介石，祸因竟是宁粤两派的矛盾及权力斗争。1931年2月，蒋介石与国民党元老胡汉民就召开国民会议之事发生激烈争执，理屈词穷之际，竟将身为立法院院长的胡汉民诱至官邸赴宴时加以扣押，后又押至南京汤山软禁。蒋介石对胡汉民的非法拘禁，导致了国民党的又一次大分裂。在粤系首领孙科的串联下，反蒋的各派系云集广州，发出"弹劾蒋中正"的通电，另行成立与南京国民政府对立的广州国民政府。对此，蒋介石威胁欲杀胡汉民以报复粤派的"大联合"。广州方面获悉这个内部消息后，决定刺杀蒋介石，以回应蒋的威胁，借此挽救胡汉民。孙科答应出巨款20万元，并亲自策划了这次刺蒋特别行动。

刺蒋特别行动由号称"江淮大侠"的王亚樵指挥，参与策划的有华克之、郑抱真两人。刺蒋行动由华克之带领金陵大学毕业的陈成和旧军人刘刚共三人组成行动小组，他们化装成游客上了庐山，住进了太乙村外的庐山新旅社；另一路由王亚樵夫人王亚瑛和她的表弟媳刘小莲执行运送武器任务。她们俩装扮成阔太太模样，带着两个伙计，她们的行囊中有王亚樵专门购买的四只金华火腿。王亚樵预先将火腿掏空，然后将四支德国造

左轮手枪拆开，与子弹一块用油纸包好后塞进去，外面再用肉沫和盐泥封起来。当他们组装好武器后，顺手就把几只金华火腿扔进附近的一个山坳里了。

第二天，蒋介石卫队在太乙峰下巡逻时偶然发现了他们扔弃的火腿，经检验，发现了火腿的奇怪之处，好端端的火腿中间被刀挖空，掏空的地方有清晰可见的铁锈斑，嗅之有黄铜味，因此断定有人利用火腿夹带武器上了山，而且就隐藏在附近……刺杀行动就此宣告失败。

关于庐山刺蒋的历史事件，一般人看过也就当作饭后谈资了，但这则历史事实也说明一个问题，即在民国时期，金华火腿已全国闻名。所以四只金华火腿运上庐山时，并没有受到国民党士兵的盘查。士兵一看是金华火腿，知道这是上等的贵重物品，就放松警惕，不再检查，可见金华火腿在当时社会的知名度很高。当时也没有金属探测器这样先进的仪器，但国民党士兵却没想到金华火腿里面会藏有德国手枪。同样是金华火腿，用在毛泽东身上，体现的是知识分子对毛泽东的支持与信任；而用在蒋介石身上，居然成为刺杀蒋介石的道具，体现的是对蒋介石的抗议与不信任，这也许是历史的讽刺。

五、鲁迅、林语堂与金华火腿

　　鲁迅在 1936 年去世后，远在美国的林语堂听说鲁迅去世的消息，就在 1937 年 1 月发表《悼鲁迅》（该文收录于《林语堂名著全集》第十八卷《拾遗集》，东北师范大学出版社，1994 年版）一文。《悼鲁迅》一文说起鲁迅在厦门大学时在酒精炉上煮金华火腿过日子的事：

　　　　鲁迅与我相得者二次，疏离者二次，其即其离，皆出自然，非吾与鲁迅有轻轩于其间也。吾始终敬鲁迅；鲁迅顾我，我喜其相知，鲁迅弃我，我亦无悔。大凡以所见相左相同，而为离合之迹，绝无私人意气存焉。我请鲁迅至厦门大学，遭同事摆布追逐，至三易其厨，吾尝见鲁迅开罐头在火酒炉上以火腿煮水度日，是吾失地主之谊，而鲁迅对我绝无怨言，是鲁迅之知我。《人世间》出，左派不谅吾之文学见解，吾亦不愿牺牲吾之见解以阿附初闻鸦叫自为得道之左派，鲁迅不乐，我亦无可如何。鲁迅诚老而愈辣，而吾则向慕儒家之明性达理，鲁迅党见愈深，我愈不知党见为何物，宜其刺刺不相入也。然吾私心终以长辈事之，至于小人之捕风捉影挑拨离间，早已置之度外矣。

　　因为鲁迅在厦门大学教书时，伙食并不好，鲁迅认为当地人不会做菜，于是就自己解决，经常用水煮金华火腿吃。金华火腿是高档食材，但只是用水煮一下就吃，也就谈不上是高超的烹饪方法了。所以，林语堂有歉疚之心，认为自己在厦门对鲁迅没有尽到地主之谊。另外，林语堂也是著名的美食家，对饮食十分讲究。林语堂在新加坡任大学校长期间，因为厨师烧的饭菜不称心，后来就辞去了大学校长一职。只是目前关于林语堂对金华火腿直接论述的材料还没有找到，有待将来进一步深入。

六、梁实秋与金华火腿

台湾现代作家梁实秋在《雅舍谈吃》（江苏人民出版社，2010年版）的第二篇文章《火腿》中，就重点写了金华火腿，十分传神，也写出了金华火腿的饮食文化感召力。

> 东阳上蒋村蒋氏一族大部分以制火腿为业，故蒋腿特为著名。金华本地不能吃到好的火腿，上品均已行销各地。我在上海时，每经大马路，辄至天福市得熟火腿四角钱，店员以利刃切成薄片，瘦肉鲜明似火，肥肉依稀透明，佐酒下饭为无上妙品。至今思之犹有余香。
>
> ……
>
> 有一次得到一只真的金华火腿，瘦小坚硬，大概是收藏有年。菁清持往熟识商肆，老板奏刀，砉的一声，劈成两截。他怔住了。鼻孔翕张，好像是嗅到了异味，惊叫："这是道地的金华火

腿，数十年不闻此味矣！"他嗅了又嗅不忍释手，他要求把爪尖送给他，结果连蹄带爪都送给他了。他说回家去要好好炖一锅汤吃……

　　台湾气候太热，不适于制作火腿，但有不少人仿制，结果不是粗制滥制，便是腌晒不足急于发售，带有死尸味。幸而无尸臭，亦是一味死咸，与"家乡肉"无殊。

让我们没有想到的是，梁实秋在赞美金华火腿时，突然笔锋一转，转而批评台湾仿制金华火腿的失败，这当然主要是台湾气候的原因，因为上盐腌制时气温要低于十摄氏度以下才可以。

自称出身于"火腿世家"的兰溪人曹聚仁晚年移居香港，在香港一直保留吃金华火腿的习惯。曹聚仁在《火腿的传奇》一文中很专业地说到了金华火腿的分级："至于鉴别火腿的好坏，就凭着一支竹签：腿的前部称琵琶头，中部为腰峰，连着腿跟分为三部；三部各打一签，三签都好的为上等货。"

由于这些历史名人的影响力，金华火腿的声名日渐提高。金华火腿因历史名人的效应更加增添其文化的魅力与历史的传奇性。当人们在谈论金华火腿的时候，这些历史名人是很好的产品广告人。

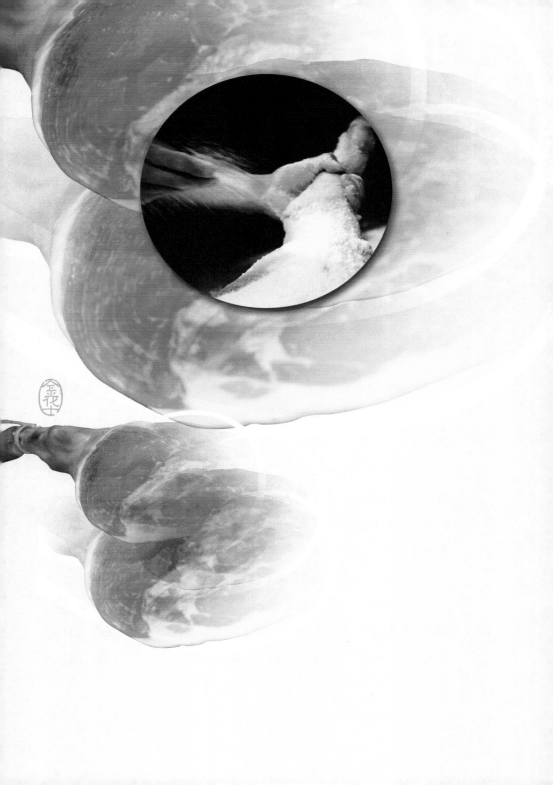

金华火腿的品牌和商标之争

经过金华人一千多年的努力，金华火腿的品牌是建立起来了，但是金华火腿的注册商标却一直没有得到应有的关注。自20世纪80年代以来，金华火腿这一千年品牌却陷入了一场长达二十多年的法律意义上的商标之争，成为中国商标史上的一个经典案例，也为传统手工技艺类非物质文化遗产的法律性保护提供了一个分析个案。

金华火腿的品牌和商标之争

[壹]金华火腿的品牌

一、雪舫蒋火腿的传统品牌与老字号

金华火腿是一个总的称呼，因为历史上金华的八个县都生产火腿，对外统称为金华火腿，这样就形成一个整体性认知的品牌。但这样的称呼也有一个问题，如果有一个商家的金华火腿质量出了问题，那么其他县的产品也会受到牵连。因此，"地名＋商品名"的命名方式也有一些潜在的行业商业风险，而这一商业风险在当代则酿成了长达二十年的商标之争，极大地伤害了金华火腿的品牌形象。在这场长达二十年的商标大战中，只有"雪舫蒋"火腿没有受到影响，因为"雪舫蒋"火腿自创品牌，没有沿袭传统笼统地称自己为"金华火腿"，这是浙商蒋雪舫作为商人的精明之处。现在看来，这一自创品牌的命名方式仍值得我们学习，尤其是当下在非物质文化遗产生产性保护如火如荼地开展的时候。

关于金华火腿的品牌与商标问题，在全国的非物质文化遗产保护中都是一个绝无仅有的罕见的个案。传统的非物质文化遗产只有在法律框架下才能得以保护与发展，但中国的法律法规与计

划经济体制下的企业运作方式
发生了重大的冲突。因此有必
要介绍金华火腿的品牌与商标
的曲折历史。

　　前面提到"雪舫蒋"火腿
与胡雪岩的历史，就不得不提
雪舫蒋火腿的创始人蒋雪舫。
据李道生撰写的《火腿业巨子
蒋雪舫》（原载《东阳文史资料
选辑》第九辑）提供的材料，

"雪舫蒋"品牌的创始人：东阳人蒋雪舫

并结合其他调查材料整理如下：

　　"雪舫蒋"腿，名满全国，享誉海外，而人们对"雪舫蒋"腿
的开山祖师蒋雪舫本人却知之甚少。蒋雪舫生于道光二十一年
（1841年）。其上祖自清初卜居上蒋之后，即从事腌腿之业。蒋氏
自幼丧母，十四岁成孤，随叔父腌制火腿（牌号"虹巢"）。十八
岁时，蒋氏娶本县大园村楼氏为妻。婚后他不愿寄人篱下，欲闯
出自己的一片天，遂变卖妻子的全部陪嫁首饰作为资本，自开一
家火腿作坊，并将生产的火腿命名为"雪舫"，"雪舫蒋"火腿从
此诞生。蒋氏勇于探索，艰苦创业，善于继承先人的传统技艺，
并能在实践中不断创新，其制腿技艺堪称同行业之冠，所腌制的

"雪舫蒋"腿具有皮薄脚细、腿心饱满，精肉细嫩、红似玫瑰，肥肉透明、亮若水晶，不咸不淡、香味清醇等特点，成为金华火腿中的极品。

"雪舫蒋"腿的集散地在杭州鼓楼。每年端午之后，火腿就成批生产，初时产腿不多，仅十来件，每件五十只，约130—150公斤，后来逐年增多。"雪舫蒋"腿的伙计携火腿乘竹筏下东阳江婺江至兰江后，换船直至杭州。此时，上海、江西和香港等地的火腿客商均云集于鼓楼腿行。火腿经检验后，论价批发出售。"雪舫蒋"腿是价格最高的标尺，待该腿定价后，其他火腿价格按三等九级依次递减而定。"雪舫蒋"腿质量之高、信誉之好，由此可见。

"雪舫蒋"腿的成名与清末胡庆余堂的老板胡雪岩有关。某年雪岩之母七十寿庆，"雪舫蒋"腿为席上珍馐，宾客普遍赞赏。次年，胡氏购买了蒋氏全部的上好火腿，送往北京官宦之家。借那些官宦之口的传播，"雪舫蒋"腿声名鹊起，誉满京都，传遍海内。也有人说"雪舫蒋"腿之所以成名，是因为蒋氏奉还杭州腿行错给的一千块大洋之故，而蒋氏的玄孙友忠以为这仅仅是传说，不足为据。

1905年，"雪舫蒋"腿获得德国莱比锡国际食品博览会金奖（"雪舫蒋"腿由杭州方裕和送展）。1915年又获巴拿马万国商品博览会金奖，从此饮誉海外。

1905年"雪舫蒋"火腿获德国莱比锡万国博览会金奖

1915年"雪舫蒋"火腿获巴拿马国际商品博览会金奖

1920年,蒋雪舫年届八十,其制腿业达到鼎盛时期。"雪舫蒋"腿成了国际明星食品,产量猛增,销量无边。一些不法商贩,则假冒"雪舫蒋"以牟取不义之财。这使蒋雪舫意识到保护品牌的重要性,遂于1920年以村名"上蒋"二字,加上自己的名字"雪舫",绘成商标图案,呈请商标局注册。1921年,又加"厚记"、"升记"、"正记"、

民国时期雪舫蒋的流水账本

"慎记"字样的联合商标，再呈报
商标局核准注册。据 1933 年出版
的《商标录刊》记载，当时全国仅
有七个火腿商标，其中五个是属于
上蒋村的，四个是以"上蒋雪舫"
当头的。

1929年
获杭州西湖国际博览会特等奖

1929 年"雪舫蒋"火腿获杭州西湖国
际博览会特等奖

　　1920 年，蒋雪舫仍不忘致力于
发展火腿事业，在杭州发起成立东
阳腿业公所，以推进东阳火腿业的
发展。20 世纪二三十年代，蒋氏及其子孙的制腿业达到了鼎盛时
期。1926 年，火腿业的一代巨子蒋雪舫去世，享年八十六岁。

　　蒋氏有二子八孙，除长子汝丹外，均随其操腌腿之业。1929
年，厚记、正记的"雪舫蒋"腿获得西湖博览会特等奖。"金华火
腿出东阳，东阳火腿出上蒋"，就在这段时间流传开来。

　　1942 年日军侵入东阳后，上蒋火腿作坊被迫停业，抗战胜利
后复业。新中国成立时，上蒋私营火腿作坊关闭。20 世纪 50 年代，
东阳火腿厂在上蒋建立（后迁址），该厂继承了"雪舫蒋"腿的腌
制技艺，沿用了"蒋雪舫"的牌号。1982 年该厂生产的"雪舫蒋"
腿被评为名优特产品，获国家金质奖。1979 年，以蒋氏的第三代
传人敦土（1989 年去世）、第四代传人友忠等人为中坚的上蒋火腿

东阳"雪舫蒋"火腿的传人

厂建立。1987 年，国家工商行政管理局批准该厂为全国生产"雪舫蒋"腿的唯一厂家。

从上面这则材料中可以发现，原来蒋雪舫随叔父腌制"虹巢"牌火腿，但后来蒋雪舫自立门户，创"雪舫"牌火腿，用自己的名字命名，体现对火腿业大发展的信心与决心。而且蒋雪舫善于营销，这是"雪舫"牌火腿打开市场的一个主要原因。其实，在民国时期东阳当地做火腿的很多，但最后胜出的却是"雪舫"牌火腿，这值得后人深思。

在蒋雪舫的经营理念的示范下，蒋家后代也一直传承这一家族经营理念。新中国成立以后，"雪舫蒋"还申请成为中国第一批"中华老字号"产品。2006 年 10 月，商务部第一批"中华老字号"四百三十四个项目公布，其中浙江雪舫工贸有限公司名列其中，品牌与注册商标都是统一的，都是"雪舫蒋"，这是"雪舫蒋"火腿成功的地方。而这一年，金华火腿还在为商标权问题与浙江食品有限公司开展斗争，还没有一个最终的结果。也就是说一个产品的品牌与商标是两个不同的概念，如果商标问题没有解决，会最终影响金华火腿这一千年品牌。这在后面还会详细分析。

金华市火腿行业协会首任会长倪志集在其《金华火腿的三家老字号》（后来这篇文章刊于 2008 年 2 月《金华晚报》）一文中对金华火腿的老字号产品也有所介绍。

千余年来金华火腿都以农家腌制为主，在清朝后期才开始有腌制作坊，又叫腿栈，规模都很小，产量也很低。综合多年考查，根据金华火腿传承体系的特点，倪志集认为以下三家是最具代表性的金华火腿老字号。

（一）东阳："雪舫蒋"牌金华火腿

民国 8 年（1919 年），东阳上蒋村的蒋雪舫注册了"上蒋·雪舫"火腿商标。后代各自为业，就在商标后面加上"厚记"、"慎记"、"正记"、"升记"等以示区别。直到 1979 年由其第四代传人蒋友忠创办上蒋火腿厂，继续使用此商标，但年产量仅五六千只。1997 年，东阳市政府为发挥名牌效应，决定由该市食品工业协会和"雪舫蒋"商标持有人合作，成立东阳市"雪舫蒋"牌火腿商标管理委员会，选择三家火腿厂许可其使用"雪舫蒋"商标，才使年产量突破五位数。后来，由于一个商标多家使用，产品质量难以控制，又将该商标依法转让给浙江雪舫工贸公司吴荣仁名下，遂使年产量突破六位数，并获第一批"中华老字号"和"中国名牌产品"称号。

（二）永康："真方宗"牌金华火腿

"真方宗"是以世代传承的老字号。永康四路人方成统，清光绪元年（1875 年）出生，与东阳蒋雪舫同时代，年轻时都从事火腿腌制，也曾使用过"雪舫蒋"商标，其私人腿栈是当时金华地区最大的腿栈之一。二儿子方凤江、小儿子方凤修，都是腿栈的技术骨干、把作师傅。据说当时上海的市场上，每年新腿上市都要"成统先开盘"。1954年，私人腿栈不复存在，方成统的两个儿子由在仙居县食品公司当经理的永康人胡官昌介绍到黄岩县火腿厂，腌制"浙江火腿"。1960年，方成统去世，孙子方锡潜由其父凤修带出去当学徒，三年后出师到玉环县楚门火腿厂做师傅，腌制"浙江火腿"。

1979年，当时省政府领导提出金华火腿年产量要突破一百万只的要求。于是地区特批成立七家乡镇火腿厂，永康四路是其中之一，方锡潜自然成为该厂技术骨干。1990年，他又自立门户创办永康四路火腿一厂。先是使用浙江省金华火腿研究所的"宗泽牌"商标，2002年自己注册"真方宗"商标，产品专销上海。1994年被市政府评为十大"金华火腿王"之一。就在这一年，方家第四代方江波从上海交通大学外贸系毕业，在金华一家大企业只上了两个月班，就辞职回家从事火腿销售，专跑上海。方江震随父学习制作技艺，2006年已领到市劳动局颁发的"火腿加工技师证"，成为业内少有的父子技师和四代火腿世家。现在，方锡潜又与上海市南京东路上的"邵万生"和"泰康"两家百年老字号联营，在永康工业区建厂，实行产销一体化。2007年，"真方宗"牌金华火腿，被评为"浙江名牌"。

（三）金华："金都"牌金华火腿

"金都"牌是以体制传承的老字号。创始人金士辉原籍东阳，20 世纪 30 年代，在杭州开办永昌腿行，专营火腿批发业务。1947年，回到金华城区开设永昌腿栈，成为当时市区十八家腿栈中规模最大的一家，年产火腿七八千只。1950 年，由他倡导，联合元生、金泰、元隆、恒丰四家腿栈成立"金联火腿产销合营处"，统一组织生产、统一对外销售、统一使用"金华火腿"标志，年产量达两万四千多只。1953 年，企业遇挫，困难重重。在金华地委统战部副部长王心斋的启发下，金士辉向政府申请公私合营，于1954 年 11 月成立公私合营金华火腿厂。1960 年，并入国营金华肉联厂，为火腿加工车间。1979 年，从肉联厂划出，为国营金华火腿厂，后来改成国营金华市火腿厂至今。2000 年企业改制成民营，由原厂长黄志清传承经营。2007 年，"金都"牌金华火腿被评为"浙江名牌"。

在市场经济的竞争中，通过多年历练，现在浙江雪舫工贸有限公司的"雪舫蒋"牌、金字火腿股份有限公司的"金字"牌、金华火腿实业有限公司的"金都"牌、金华市邵万生泰康食品有限公司的"真方宗"牌、金华金年火腿有限公司的"金年蒋"牌、浙江大江南有限公司的"江南村"牌等金华火腿品牌在国内都享有很高的知名度和美誉度。

二、20世纪90年代以来金华火腿的品牌营造

在 20 世纪 90 年代，金华火腿的发展开始朝向品牌营造的方向发展。1994 年 10 月 18 日，中国金华火腿文化博览会暨首届全国经济文化学术研讨会在金华人民广场召开，全国政协副主席钱伟长等人出席会议。这是金华有史以来规模最大、内容最多、涉及面最广的一次大型经济文化活动。

作为首届中国金华火腿文化博览会主要内容之一的"金华火腿王"评选结果揭晓，金华九家企业生产的十种火腿荣获"金华火腿王"称号。这次企业参评的条件是，年产量三千只以上，有注册商标，并且必须连续三年火腿质量稳定，未出过质量事故。

1994 年首届中国金华火腿文化博览会召开

全市一百四十多家有注册商标的火腿生产企业，对照条件进行自评后，积极报名参加评选。最后，由国家优质食品奖评委会成员和金华市火腿加工特技技师共十人组成评委会，参照"国优"食品奖评选办法，评出前十名，它们分别是：东阳市火腿公司的"东岘"牌蒋腿、磐安县第一火腿厂的"宗泽"牌金华火腿、东阳市火腿公司的"金华"牌金华火腿、永康四路火腿一厂的"宗泽"牌金华火腿、浦江县食品总公司的"龙峰"牌竹叶熏腿、东阳市大阳火腿一厂的"宗泽"牌金华火腿、金华市开发区万发食品公司的"宗泽"牌金华火腿、东阳市大阳火腿厂的"宗泽"牌金华火腿、金华市食品公司火腿厂的"金华"牌金华火腿。

市政府授予以上十种火腿"金华火腿王"称号，并给生产企业颁发了证书和奖牌。从这十家火腿公司的产品名称中，我们可以发现其产品命名方式都是"商标名＋金华火腿总名"的现代市场经济化的命名方式，这是在与浙江食品公司的法律诉讼后才开始重视的一个问题。这在后面还有论述。

1995 年，金华被命名为"中国金华火腿之乡"；2002 年，金华火腿被国家质检总局批准为原产地保护产品；2007 年，国家商标局核准"金华市金华火腿"地理标志证明商标成功注册；为宣传金华火腿的千年历史文化和世界火腿历史文化，2008 年金字火腿股份有限公司建造国内唯一的中国火腿博览馆，2013 年建造世界

中国火腿博览馆的传统工艺展示场景

世界火腿博览馆内景

火腿博览馆，现两个火腿博览馆均已建成，对外免费开放，供游客了解中外火腿的历史。

由于金华火腿名扬中外，金华火腿也吸引了日本人的注意。从1999年开始，东阳的雪舫实业公司连续接待了七批日本客人。第一批客人是由日本东京都NHK电视台组织，原因是日本非常重视挖掘传统饮食文化。日本人发现在日本、美国、中国香港到处都有粤菜馆，粤菜以煲汤闻名，如鲍鱼汤、鱼翅汤等是上等佳品，而煲汤必定要用到金华火腿，没有金华火腿就没有味道。他们在寻找火腿祖宗时，在日本图书馆发现"雪舫蒋"开山祖蒋雪舫与杭州"红顶商人"胡雪岩从相识到火腿进宫的故事。于是他们到雪舫实业公司拍摄了一个专题片。该片在NHK电视台播出，引起了日本食品界销售权威日本株式会社万福临老板的注意。他认为这是一个商机，遂于2000年下半年到雪舫实业公司签订购买十万只"雪舫蒋"火腿的合同，并作为日本进口销售"雪舫蒋"腿的总代理。这也是金华火腿以较大规模进入日本市场的开始，也在日本确立了"雪舫蒋"火腿的品牌形象。

在金华火腿企业申请"中华老字号"方面，"雪舫蒋"火腿也起到了重要的引领作用。"中华老字号"具有鲜明的中华民族传统文化特征，在生成、发展和传承过程中展示了中华民族的文化创造力，成为最具历史价值的金字招牌。

2005 年，中国商业联合会牵头组织起草《中华老字号评定规定》，重新制定与"中华老字号"评定相关的行业标准。能够称得上"中华老字号"的，应是具有丰富的文化内涵、独到和成熟的工艺技术、完整的社会美誉度和认知度、在行业中具有代表性的企业。

2006 年 9 月 29 日，商务部商业改革司官方网站公布了重新认定的第一批"中华老字号"名单，初步确定四百三十四家企业符合"中华老字号"认定要求。其中浙江雪舫工贸有限公司的注册商标为"雪舫蒋"的火腿被列为第一批"中华老字号"。

商务部设定了"中华老字号"重新认定的七道"门槛"：

1. 拥有商标所有权或使用权；

2. 品牌创立于 1956 年（含）以前；

3. 传承独特的产品、技艺或服务；

4. 有传承中华民族优秀传统的企业文化；

5. 具有中华民族特色和鲜明的地域文化特征，具有历史价值和文化价值；

6. 具有良好信誉，得到广泛的社会认同和赞誉；

7. 国内资本及港澳台地区资本相对控股，经营状况良好，且具有较强的可持续发展能力。

"中华老字号"的申请有助于培养火腿企业的历史意识与责任

感，自从"雪舫蒋"火腿申请国家层面的"中华老字号"品牌后，其他金华火腿企业如永康"真方宗"牌金华火腿等纷纷跟进，申请浙江省的"中华老字号"，起到了积极的引领示范的作用。

[贰]金华火腿的商标之争

经过金华人一千多年的努力，金华火腿的品牌是建立起来了，但是金华火腿的注册商标却一直没有得到应有的关注。不关注商标问题的代价就是漫长的法律诉讼，也就是说一般人重视的是产品品牌，而不是注册商标，这对于发展传统手工技艺类非物质文化遗产项目是十分不利的。

前面提到通过蒋雪舫的个人努力，"雪舫蒋"火腿的品牌与商标都建立起来了，并成为金华火腿中最著名的品牌与商标。但是对于整个金华火腿的品牌来说，由于缺少像蒋雪舫这样的浙商头脑，自20世纪80年代以来，金华火腿这一千年品牌却陷入了一场长达二十多年的法律意义上的商标之争，成为中国商标史上的一个经典案例，也为传统手工技艺类非物质文化遗产的法律性保护提供了一个分析个案。因此有必要就金华火腿的商标之争问题进行分析，否则类似金华火腿的传统产品将面临严重的发展危机，也不利于传统手工技艺类非物质文化遗产的传承与发展。在当代法治与市场经济社会，非物质文化遗产只依靠自身已很难发展，必须借助法律的保护才能获得更大的发展空间。

金华火腿商标事件是中国首例商标权与地理标志权冲突的案例，曾引起国家质检总局、国家商标局、浙江省高级人民法院、上海市第二中级人民法院等相关单位的高度重视，相关媒体如《金华日报》、《金华晚报》、《浙江日报》、《文汇报》、《上海法制报》、《法制日报》均作了大量报道，本书综合相关材料并结合实地调查向读者进行介绍。

一、持续二十多年的金华火腿商标之争的经过

金华火腿虽然是中国千年的商品品牌，但是这一传统的饮食文化品牌一直到 1979 年才注册商标，而且是由浙江省食品公司的一家子公司即浦江县食品公司注册的。1979 年 10 月，金华市浦江县食品公司向国家商标局就第 33 类商品（火腿）申请注册证号为第 130131 号的商标，商标注册证记载为"商标金华牌"。由于当时《商标法》尚未出台，当时实行的是《商标注册管理条例》，而在这一《条例》中却没有"县以上地名不得作商标"的规定，浦江县食品公司的金华火腿的商标申请很顺利地于 1979 年 10 月 31 日获准注册。

1981 年初，金华地区食品公司获悉，国家将举办首届全国火腿国家质量奖评选。该公司副经理兼火腿科长龚润龙着手整理资料，填写了 1981 年商业部优质产品奖申请表，并于 4 月 30 日经省商业厅转请商业部推荐，参加国家质量奖评比。接着，金华地区食品公司从当地火腿厂生产的火腿中，精心挑选出三只样品，指派公司火腿科蒋正路作为浙江省唯一代表，参加当年 5 月在哈尔滨召开的评比会议。不久，经专家评审，浙江金华火腿领先于云南宣威火腿、江苏如皋火腿而获得金奖。但浙江省食品公司以其是浦江县食品公司的上级为由，想办法最后领取了金华火腿的国家质量奖证书和金质奖牌。

由于当时的浦江县食品公司隶属于浙江省食品公司，因此 1983 年，浙江省食品公司以"三统一"（即统一经营、统一调拨、统一核算）的行政关系为由，将浦江县食品公司注册的"金华火腿"注册商标无偿转移到了自己的名下，并获国家工商局商标局核准，从此位于杭州的浙江省食品公司成了"金华火腿"的商标权人。

1984 年，浙江省撤销食品行业统一性的管理体制，浙江省食品公司所辖的企业随之下放。金华市于是开始要求归还"金华火腿"注册商标和 1981 年在全国火腿评优活动中所获的金牌。但浙江省食品公司认为，"金华火腿"商标是省食品公司所辖企业申请注册，在由省食品公司统一使用后，已在浙江六地市一百多家企业特许经营。省食品公司为保护"金华火腿"商标和培养工人技师已经有了大量资金投入，不可能将此商标让给金华。按照《商标法》的规定，从此，金华人生产的金华火腿要使用"金华火腿"

商标就必须付商标使用费了。如果不付费而出现"金华火腿"四个字，就会成为"打假"的对象。为了销售火腿产品，金华生产火腿的许多企业不得不与浙江省食品公司签订商标使用许可合同，并向对方支付商标使用费。

此后，金华方面不断地向浙江省食品公司提出"归还商标"等要求，但均未能如愿。按照国家有关规定，商标注册期限为十年。到1992年，"金华火腿"商标注册期限已到。1992年4月，金华市人民政府向浙江省工商行政管理局和国家商标局正式呈送申请报告，要求浙江省食品公司归还注册商标。对此，国家商标局两次推迟了浙江省食品公司延续商标的申请，但也始终未将"金华火腿"商标判归金华。

为了要回商标和金牌，金华方面展开了一系列的活动。1994年，金华市举办了首届中国金华火腿文化博览会，并成立金华火腿监制局，该局以许可方名义与有关生产厂家签订《金华火腿印章使用许可合同》，并制作"金华火腿"标识与印章。1995年1月，省食品公司向浙江省高级人民法院提起诉讼，称被告方的行为侵犯了原告的注册商标专用权，给原告造成了巨大的经济损失，提出一千二百万元赔偿要求，请求法院判令被告立即停止侵权，消除并销毁侵权商标标识。

针对原告的诉讼请求，被告答辩认为，原告持有"金华火腿"

商标是通过行政手段无偿占用的，该商标取得行为无效。被告系合法成立的组织，与当地生产厂家签订的许可合同是产地印章许可合同，不是商标许可合同。"金华"两字是地区名称，金华的火腿生产厂家有权在火腿上标明原产地"金华"字样，并请求受诉法院驳回原告的诉讼请求。同时，金华市委、市人大常委会、市政府、市政协联合向法院提出驳回原告的诉讼请求。1995年2月，金华市保护名牌协会组织了为期十天的"还我金牌、还我商标"的万人签名活动。

浙江省高级人民法院在查明上述纷争事实的基础上，考虑到案件的特殊情况，请求省政府协调。在省政府的主持协调下，双方以会议纪要的形式达成了如下意向：

1. 原告依法享有"金华火腿"注册商标专用权，依法统一监制"金华火腿"，制作有关商标标识、印章及许可使用合同文本等；被告终止与有关生产厂家签订的"金华火腿"印章使用合同，收回已制发的"金华火腿"商标标识和印章，并积极做好善后工作。

2. 原告在控制总量、确保质量、维护信誉的前提下，要尽可能照顾金华方面的利益与要求，发挥金华市在生产、管理"金华火腿"方面的作用。

3. 对金华市包括其所辖县市范围内的"金华火腿"商标使用，由原告依法委托金华市有关部门管理。委托事项包括：代理与金华市范围内各生产企业签订商标使用许可合同，收取商标使用许可费，发放商标标识与包装袋、脚圈、吊牌等，安排生产计划、质量监督、生产定点等。

1995 年，金华市成立了保护名牌协会，后改名金华市火腿行业协会。金华地区一些"金华火腿"特许生产厂家，开始拒绝向省食品公司缴纳火腿商标的管理费和使用费。同年 3 月，金华市食品公司和浦江县食品公司分别向法院起诉，要求浙江省食品公司归还金牌和"金华火腿"商标。浙江省食品公司针锋相对，并在《浙江日报》上刊登声明，任何无偿使用"金华火腿"商标的行为，都侵犯了浙江省食品公司的商标专用权，属于违法行为。

2002 年，金华试图通过原产地域产品保护的方法，向国家质量技术监督检验检疫总局提出了申请。2002 年 8 月 28 日，国家质量技术监督检验检疫总局发布 2002 年第 84 号公告，通过了对"金华火腿"原产地域产品保护申请的审查，批准自公告日起对金华火腿实施原产地域产品保护。9 月 24 日，国家质检总局又发布 2003 年第 87 号公告，通过了对浙江省永康火腿厂等五十五家企业提出的金华火腿原产地域产品专用标志使用申请的审核，并给予注册登记。自该日起，上述五十五家企业可以按照有关规定在其产品上使用"金华火腿"原产地域产品专用标志，获得原产地域产品保护。

国家质检总局的文件使金华、衢州地区的火腿生产厂家倍感兴奋。公告发布后有七十一家厂家申请保护，经过审查，已有四十三家企业与金华市火腿行业协会签订了"质量责任书"。金华的火腿生产企业就开始放心使用"金华火腿"字样，但遭到浙江省食品有限公司的强烈反对。浙江省食品有限公司认为，"金华火腿"是浙江省食品有限公司的注册商标，而将它作为原产地域产品保护，与《商标法》是有矛盾的。浙江省食品公司坚持商标法是上位法，原产地保护只是部门规章。浙江省食品公司以商标侵权为理由同时起诉和举报了许多金华火腿企业。浙江省食品公司接连向浙江省内外工商部门举报，并以工商部门如不查处就起诉行政不作为为由施加压力，杭州、宁波、苏州、上海等地的工商部门因此组织开展了大规模专项检查，这给金华市的火腿生产带来了重创。

对于"金华火腿"的商标纷争，浙江省食品公司以《商标法》作为自己的法律依据，金华市火腿行业协会及相关企业则以原产地域保护有关文件作为依据。商品商标与原产地标志，互相之间就发生了冲突。"金华火腿"的商标争端并没有结束，反而以法院开庭审判的方式延续。

2003年7月，浙江省食品公司在上海南京东路的泰康食品公司门店内，发现一批标有"金华火腿"字样的火腿，但未得到过该公司的商标授权。同年 11 月，浙江省食品公司将上海泰康食品公司告到了上海市第二中级人民法院。在得知这批产品出自浙江永康四路火腿一厂之后，又追加了该厂作为被告，并请求法院判令两被告停止生产和销售侵权商品，公开赔礼道歉，共同赔偿原告五万元。2005 年 3 月 29 日，这一备受瞩目的案件在上海市第二中级人民法院正式开庭，法庭上原告被告双方围绕两个焦点问题展开激烈的交锋。

焦点之一，即如何界定原告注册商标的专用权保护范围。原告认为，其注册商标的专用权保护范围是"金华火腿"，而"金华牌"则是对该注册商标的称呼。但被告认为原告注册商标专用权保护范围为"金华"二字，并非"金华火腿"，且商标注册证上写明原告的商标为"金华牌"。

焦点之二，上海泰康公司和永康四路火腿一厂两名被告的行为是否侵犯了原告的注册商标专用权。原告认为是，而被告上海泰康公司认为在销售环节已尽到了审查义务，并未侵权。被告永康四路火腿一厂则主张自己是依据原产地域产品保护规定使用"金华火腿"四个字，而且"金华"是行政地域名称，"火腿"是产品的通用名称，他们使用"金华火腿"属于合理使用。

根据《上海二中院判决浙江省食品有限公司诉浙江永康火腿厂等商标侵权案》的材料显示，在审判过程中，上海市第二中级人民法院副院长、知识产权审判专家吕国强担任审判长，吕国强审判长认为对本案争议的处理，既要严格依照现有的法律法规，又要尊重历史，促进权利义务的平衡。首先，原告的"金华火腿"注册商标经过国家商标局注册，并经续展目前仍然有效，它的专用权应受到我国法律保护。但"金华火腿"经国家质检总局批准实施原产地域产品保护，被告永康四路火腿一厂获准使用"金华火腿"原产地域专用标志，也属于正当使用。法院最终判决，对原告指控两被告侵犯其注册商标专用权的诉讼请求不予支持。判决之后，原被告双方都没有提出上诉。

从金华火腿的历史发展来看，金华火腿有着悠久的历史，品牌的形成凝聚着金华地区以及相关地区几十代人的心血和智慧。从商标的角度看，原告成为"金华火腿"商标注册人以后，对提升商标知名度做了大量的工作。原告的商标多次获浙江省著名商标、国家技术监督局金质奖及"浙江省名牌产品"等荣誉称号。原告的注册商标应当受到法律的保护。但另一方面，原告作为注册商标的专用权人，也无权禁止他人正当使用。《中华人民共和国商标法实施条例》第四十九条规定："注册商标中含有的本商品的通用名称、图形、型号，或者直接表示商品的质量、主要原料、功能、用途、重量、数量及其他特点，或者含有地名，注册商标专用权人无权禁止他人正当使用。"知识产权的权利人在行使权利的过程中，应当严格地按照法律的规定，避免权利人之间发生冲突。尤其是在当事人之间的权利可能冲突的时候，更要相互尊重对方的知识产权，依法各自规范行使自己的权利。由于历史的原因，"金华火腿"商标和原产地域产品分别属于不同的权利人，在这种情况下，不同的权利人应当严格规范使用各自的标识。

金华市除了向国家质检总局申请"金华火腿"原产地域产品保护之外，后来还向国家商标局申请"金华市金华火腿"地理标志证明商标，有别于浙江食品公司的"金华火腿"商品商标。2007 年 4 月，国家商标局核准"金华市金华火腿"地理标志证明商标成功注册。《地理标志产品金华火腿》（GB/T/9088—2008）原产地推荐性标准已获得国家质检总局和国标委的批准，于 2008 年 12 月 1 日起实施，《地理标志产品金华火腿》明确规定两条："金华火腿的原材料必须采用金华猪；金华火腿在加工过程中禁止使用有毒有害物质。"金华火腿作为地理标志产品，具有金华区域内火腿厂家均可使用的普遍性。金华火腿地理标志证明商标的成功注册，使金华市火腿生产企业再也不必为"金华"两个字而向浙江省食品公司支付商标使用费。

《法制日报》记者姚凡在 2007 年 12 月 19 日的《法制日报》上发表一篇题为"金华火腿商标二十年诉争始末"的文章中进一步指出，商标法律制度的不断完善与发展和人们认识的与时俱进、谋求共赢发展，为解决金华火腿商标问题都贡献了自己的智慧。如现行《商标法》规定县级以上的地名不能注册商标，而《商标法》实施之前的《商标注册管理条例》对地名却没有限制。最新修改的《商标法》又规定了地理标志、证明商标等，这无疑使中国的商标制度又向前跨进了一大步，更为合理化。但是，善法也要善治。各方逐渐认识到，如果双方仍在"金华火腿"商品商标的权属问题上争来夺去，该争议的解决将永无尽头，双方为解决争议所耗费的大量人力、物力、财力，会给产业造成无法估量的损失，则完全违背了想解决商标权属争议的初衷。市场竞争中，各个市场的经济主体之间必然存在大量的经济利益之争，而解决争议的最好办法不是一方"吃掉"另一方，而是双方在共同的利益上实现双赢。

国家商标局与浙江省市工商局制定了一个"双赢"方法。根据现行《商标法》，在与已注册的"金华火腿"商品商标不冲突的前提下，考虑到原产地的特点，再注册一个与其完全不一样的证明商标，使得现有商品商标与新的证明商标"平行"，以解决历史形成的问题。各方面对这一思路体现出的智慧甚为赞赏。大家由此更加深刻地认识到，法律规则只有在公平效率的基础上落于实践，以技术性操作实现法律的价值性诉求，才能使法制臻于善法与善治。这样原有的商品商标与新的证明商标互不侵犯，共同发展。

在各级政府的行政协调、国家和省市工商部门的积极努力、金华市行业的积极争取下，商标局于 2004 年 4 月终于通过了对"金华市金华火腿"证明商标的初审，并予以公告。

浙江省食品公司随即向商标局提出异议，申请方对异议进行了答辩。最终，商标局于 2007 年 4 月裁定异议不能成立，并予以核准注册。浙江省食品公司作为金华火腿商品商标的持有人没有再提出复审。这场持续二十多年的商标大战基本结束。

金华火腿商标既涉及历史遗留问题，又涉及知识产权的前沿问题，金华火腿商标问题的解决，是基于商标局关于"正当使用"的 64 号批复的共识。这个批复措辞严谨，对法律的适用、对"正当使用"界限的描述等都很经典，弥补了我国法律的漏洞，让"正当使用"实际化了。这不仅解救了金华火腿，解脱了相关各级政府和相关当事人，同时也为所有地理标志的正当使用确定了一个标准，为解决其他地理标志问题提供了经典的范例。

1979 年，"金华火腿"被注册为商品商标后，商标所有人依法拥有了专用权。因此，金华火腿商标之争是关于商品商标专用权和地理标志使用的普遍性矛盾。2008 年，金华火腿回归地理标志，通过证明商标注册，既还原了金华火腿商标的地域性，也实现了该品牌的可普遍使用性，这一品牌可以为金华人所共有、共享、共用。自 2008 年起，金华市通过地理标志证明商标，终于结束了与浙江省食品有限公司的长达二十多年的商标诉讼纷争，也为金华火腿这一民族品牌、千年品牌提供了法律保护。

二、金华火腿商标之争的市场意识的反思

金华火腿商标于 1979 年注册，1983 年被省食品公司转让注册，两次法律行为都是在法律尚不完备的情况下完成的。而商标"注册不当"是国家在 1988 年修改《商标法》时才增加在《实施细则》中的法律条款。按照法律原则，法律不能溯及该法律实施之前已经发生效力的商标。因此，金华要求国家商标局对"金华"牌火腿商品商标到期不予续展也是行不通的。根据《商标法》，商标注册后是一种私权，持有人对其享有处置权，并且，《商标法》修改后已取消了过去对商标续展审查的规定。根据第三十八条的规定，只要商标持有人提出续展要求，商标主管机关没有法律依据不能不予续展。金华要求将"金华火腿"商品商标主动转为证明商标也是行不通的。商品商标注册后，属民事权利范畴，如果持有人不同意转让或注销，把其转为证明商标，也没有法律依据可以将其转变。因此，金华民众与地方政府对法律的认识也是不足的。

金华火腿商标的权属之争长达二十多年，它是在一个特殊背景下产生的历史问题，浙江省食品公司之所以能强行转让商标，是因为当时的计划经济体制。但金华火腿商标带有原产地性质，

作为一种历史悠久、深受广大消费者喜爱的地方传统名特优产品，是老祖宗的遗产，其品牌的形成是金华地区广大火腿生产厂家长期共同努力的结果，不是省食品公司创造出来的。作为一种蕴含着巨大商业价值的无形资产，它不应由某一家企业垄断或独享，应该是该地区内企业所共有的财产。

金华火腿的商标之争也为其他的"非遗"项目中以"地名＋产品名"的地方传统手工艺项目的发展提供历史经验，中国现在还有很多传统手工艺产品是以这种传统农业社会的地域方式命名的，如"贵州茅台"、"西湖龙井"、"黄山毛峰"、"衡水老白干"、"南京盐水鸭"、"东阳木雕"、"涪陵榨菜"、"龙泉青瓷"、"景德镇制瓷"、"绍兴黄酒"等。这一传统命名方式过于宽泛，已经不能适应市场经济对具体产品的精确辨识与定位，而且这些命名没有将品牌与注册商标有效区分。因为一个区域内打着这个品牌旗号的生产厂家很多，内部产品质量不统一，一旦一家出事，整个区域的品牌就受牵连。例如每个在杭州的企业都宣称自己生产的茶叶是"西湖龙井"，但却没有更具体的商标名称，实际是将"西湖龙井"的高端品牌的形象给破坏了。一个产品如果只有品牌，而没有明确的产品商标名称，将来在进一步的发展过程中可能会遭受更多的风险。

现在回过头来看当年东阳的蒋雪舫创立"雪舫"牌火腿，就是在探索自己独立的商标，从而树立自己的金华火腿品牌，这是有商业头脑的表现。在二十多年的金华火腿商标之争中，其他的金华火腿企业都受到影响，大量金华火腿企业停产，但只有"雪舫蒋"火腿不受任何影响，浙江省食品公司也从来没有状告过"雪舫蒋"火腿侵权。因为"雪舫蒋"火腿的商标与"金华火腿"这个笼统的商标完全不一样，"雪舫蒋"火腿虽然也是金华火腿，但却有自己独立的商标，走出了自己的品牌发展之路，而不是依附"金华火腿"这一金字招牌。金华火腿的商标之争其实说明只有品牌意识是远远不够的，在市场经济的法制语境中，还要有法律意义上的商标意识。在一定程度上，产品商标比品牌更重要，这就是市场意识。

持续二十多年的金华火腿商标大战，金华市与浙江省食品公司其实都是受害者。在法制不健全的中国，传统文化品牌如果没有完备的法律保护，则会对传统文化品牌带来伤害。金华火腿商标之争，也是中国法制逐渐健全的一个过程。但金华火腿的品牌也在商标争夺过程中受到巨大伤害，也让金华的火腿产业元气大伤。

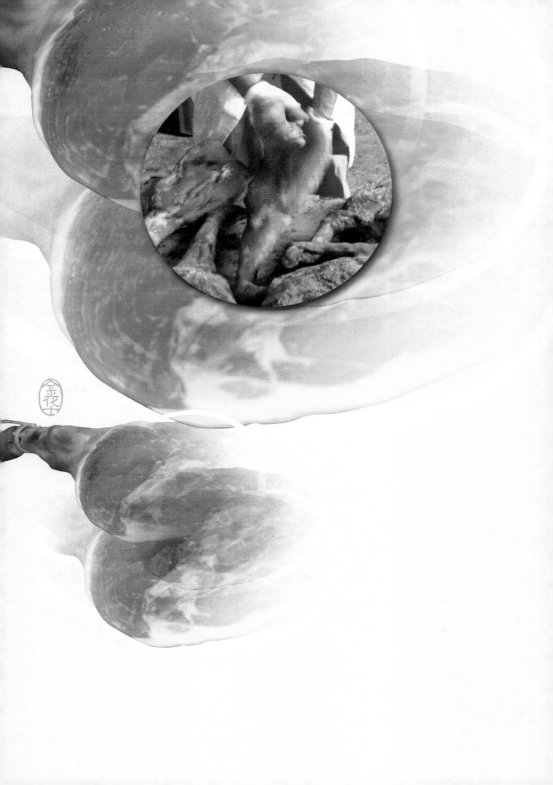

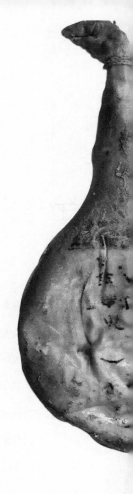

金华火腿传统制作技艺的传承

金华火腿的传承有代表性传承人传承、行业的组织化传承和企业的产业化传承三种。

金华火腿传统制作技艺的传承

金华火腿腌制技艺于 2008 年列入第二批国家级非物质文化遗产名录。2009 年 6 月，在文化部公布的国家级非物质文化遗产项目代表性传承人名单中，于良坤被确定为国家级非物质文化遗产该项目的代表性传承人。

一、国家级代表性传承人：于良坤

于良坤，1937 年生，浙江省金华市人，祖籍绍兴，20 世纪 30 年代为躲避战乱从绍兴迁徙至金华。2008 年 1 月，于良坤被浙江省文化厅评为第一批浙江省非物质文化遗产金华火腿传统制作技艺项目代表性传承人，2009 年成为国家级代表性传承人。

罗江红在 2008 年 7 月在《浙中新报》发表题为"于良坤：别人生

国家级代表性传承人于良坤

一个娃娃我们做一只金华火腿"的文章，对于良坤进行专题报道。从金华市火腿厂退休的火腿加工特级技师于良坤，十九岁进入当时的公私合营金联火腿厂当学徒，跟许朝春师傅学习金华火腿的制作技艺。当年五十多岁的许朝春师傅是东阳人，不太爱说话，跟他学技术，得自己细心看，多体会。三年学徒期间是不能随便动火腿的，否则师傅会发火。不过于良坤用心看，细心学，有些不懂的东西就去问另一位师傅厉世奎，学到的一些技艺甚至成了他的"绝活"，比如叠火腿。厉世奎是金华著名的火腿师傅，金华市劳动模范。在笔者调查过程中，于良坤老人说厉世奎师傅在技术上要求十分严格，一旦徒弟请教技术上的问题，他总是细心讲解，从不留一手。因此，在厉世奎身上，于良坤学到了扎实的火腿制作技艺的操作规范与诀窍。厉世奎首创的"四及时"操作法，即"及时制作，及时翻堆，及时洗晒，及时整形"的技术操作方法被编入金华火腿工艺操作规程，曾在金华火腿厂全厂推广，其技艺流程得以代代传承。

火腿上了盐，要一层一层地叠起来，于良坤师傅那时候叠的是十二层。第一次上盐以后隔三天要"复盐"，隔四天又要"复盐"，再隔五天要"收盐"，隔六天要"包盐"，最后隔七天还要来一次"包盐"。而每次"复盐"、"收盐"、"包盐"，上下层的火腿都要换一下，重新叠一遍。这个叠火腿是学徒要干的活，可有些学徒叠不好，叠着叠着火腿就倒了，没办法，只好用板撑着，用绳绑着拴在柱子上，弄得火腿车间"千头万绪"非常混乱。但于良坤叠的火腿整整齐齐，绝对不会倒。火腿叠十二层而不倒，靠的就是"用心"二字。

于良坤师傅强调，放火腿时也有讲究。一只手托着火腿有皮的那一面，一只手抓着腿，腿头对齐，左右对齐，几个点都看准对准了，稳稳地放下。放下就不能再挪动或拿起来，因为师傅已经把盐放好，一移动，盐就被擦开了，那样师傅肯定要生气，因为放盐是火腿制作中很重要的一项技术。

金华火腿的形状制作工序贯穿在整个制作过程中，新鲜腿收上来就开始做形状，到火腿发酵的时候，还要再修一道。于良坤师傅说，他刚进厂当学徒的时候，师傅做的都是琵琶状的火腿。到了1958年，统一改成了竹叶状的火腿。当时师傅带着他，到全市各地观摩学习。所以等他出师以后，制作的都是竹叶状的火腿了。之所以要由琵琶形火腿改为竹叶形火腿，主要是迎合消费者的审美需求，金华火腿变成竹叶状后，显得更为修长美观。

火腿腌好以后就是洗、晒。晒干了，盖大印。印有很多，一个一个盖过来，郑重其事。除了公司的横印、"金华火腿"的招牌竖印、"兽医验讫"的圆印，还有一个代号：×—×，前面那个 × 代表组别，后面那个 × 是师傅的编号。于良坤三年学徒期满，可以独立制作火腿时，就领到了属于自己的写有编号 7 的圆印。这样万一哪只火腿有质量问题，追溯上去，就很容易找到制作这只火腿的师傅。

大印盖好了，火腿还远远没有做好。它还要经过上楼发酵、下楼分级等好多道工序。发酵过程中火腿长绿毛了，说明发酵发得好；如果火腿长白毛了，说明水分没晒干。此外还要注意虫子入侵，比如苍蝇和跳虫。跳虫万一进来就很难清除，所以一定要在之前做好发酵间的消毒工作，并且关好纱窗，随时检查。

发酵完毕，火腿下楼接受检查分级。大、中、小，香、不香、有异味。制作精良的"金华两头乌"火腿，腿型小，肉质鲜嫩，其香无比。鉴定的时候，师傅拿一根十多厘米长的竹签，在火腿的尾骨、胴骨和中间部分各扎一签，拔出竹签一闻，就知道这只火腿香不香了。鉴定完毕的火腿在卖出去之前，还要再闻一次，确定火腿在鉴定以后、销售之前的这段时间里有没有变质。

那时候，一过立冬，于良坤师傅他们就忙起来了，因为要进原料，开始加工火腿了。火腿加工，到第二年清明前必须结束，因为天气热了，不再适合加工金华火腿。于良坤师傅每年要加工一万多只火腿，最忙的时候，厂里总要请许多"季节工"，于是很多"季节工"成了于师傅的徒弟。后来也成为特级技师的钱宝庆是于师傅的正式徒弟，现在也退休在家。

于良坤师傅说，一只火腿从进原料开始加工，到成品可以出售，一般要十个月，这刚好是十月怀胎生娃娃的时间。用生娃娃的认真和热情去做火腿，金华火腿才能有那么鲜美独特的味道，名扬天下。

于良坤师傅本人不善言辞，现在退休住在金华市区的新华街。但对金华火腿的前景，于良坤师傅充满信心，他现在也经常去金华的火腿企业为火腿加工技师进行技术上的辅导，引导传统技艺的传承。于良坤师傅说，现在年轻人做火腿加工技师的人少了，但还是有一批有心的年轻人在传承，金华火腿传统制作技艺传承有望。于良坤的儿子于佩松，1964 年出生，在十七岁时就开始师从父亲学习金华火腿的制作，现为火腿高级技师，在金东区金达火腿厂担任技术骨干，传承金华火腿的传统制作技艺。

二、省级代表性传承人：吴荣仁

吴荣仁，1958 年 10 月出生，东阳市歌山镇陈塘沿村人。现任浙江雪舫工贸有限公司董事长、国家肉制品质量评审委员会专家组成员、浙商全国理事会主席团主席。1998 年，东阳市委、市政府发出了"打响雪舫蒋，弘扬传统优势"的口号。历史的重担落在了浙江雪舫工贸有限公司的身上，吴荣仁肩负着市委、市政府的重托，当仁不让地挑起发扬光大"雪舫蒋"品牌的重任。

20 世纪 80 年代后，东阳养猪业出现大滑坡，"雪舫蒋"火腿

省级非遗传承人吴荣仁

的专用原料——金华两头乌几乎无人饲养，"雪舫蒋"的百年火腿品牌陷入生存危机。为了提高金华两头乌的饲养量，吴荣仁投入四千五百万建立年出栏近一万头的东阳市吴宁府金华两头乌养殖有限公司，同时与周边农户建立"订单养殖"，以保护价收购农户家里的生猪，逐渐恢复了金华两头乌的养殖规模。为了保证"雪舫蒋"火腿的数量和品质，公司对饲养环境和饲料、兽药、引种、防疫等实行全过程无公害质量监控，并成立了无公害两头乌生猪生产基地工作小组，制定《无公害两头乌生猪生产基地质量控制措施》、《无公害两头乌生猪生产基地生产技术规程》、《无公害两头乌生猪防疫措施》、《无公害两头乌生猪生产基地免疫程序表》等一系列技术规范，使得两头乌的饲养有了统一技术标准，提高了农户两头乌饲养的科技含量。公司全程掌控着腿源的安全跟踪，从源头上保证食品卫生安全，为"雪舫蒋"火腿更上一层楼打下了坚实的基础。由于其可靠的品质与百年品牌的信誉，在2010年上海世博会上，"雪舫蒋"火腿和两头乌生猪是上海世博会指定的饮食原料。

吴荣仁一直认为，一个有责任的企业，一定是在发展自己的同时，能够带来更多的经济效益和社会效益，使更多的人受益于企业发展。因此，在进行生猪基地建设的同时，他考虑得最多的就是如何让企业附近的农民增收。在经过多次的考察和调研之后，他提出了公司面向农村、立足农户、服务农民的宗旨，决定采取"三步走"的方式，增强公司主导产品的市场竞争能力。一是在投入八百多万元建设两头乌种猪场、建立无公害养殖基地的同时，积极帮助和引导农民参加无公害养殖，公司对农民在技术上进行指导，管理上加强检查监督。二是公司与十二个有饲养积极性且有相当规模的养殖场签订养殖合同，给予经济扶持、技术培训、工作帮助，做到保量高价收购，使养殖基地有较好的经济效益。三是采取散养优收的政策，发展一万多农户实施订单养殖。为了鼓励农民养殖积极性，保证农民利益，公司与农

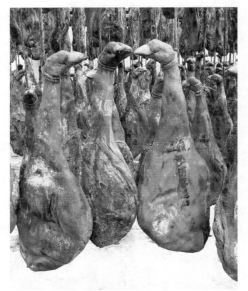

挂在室外已发酵成熟的"雪舫蒋"火腿，还需要修正 （宣炳善／摄）

"雪舫蒋"火腿战略发展研讨会

民签订了按市场价格提升 25% 的收购合同，极大地带动了养殖基地及周边农户养殖两头乌的积极性，保证了农户饲养两头乌的经济效益和火腿原料的高质量供应。

由于火腿的生产周期较长，如今许多生产厂家在利益的驱动下，改用工厂式的全年生产，将生产周期缩短到数个月，这样的火腿已经不是传统意义上的火腿，无法长期保存。"雪舫蒋"坚持一年只生产一季。吴荣仁带领公司的技术人员在原来的工艺基础上，又增加了复洗、复晒及修割等几道工艺，使公司供应到市场上的火腿更加符合消费者的消费习惯。为了保证产品的质量稳定，

公司建立了 ISO9001-2000 质量管理体系；为了保证产品的安全卫生，公司建立 HACCP 体系，并通过认证。通过以上两个体系的认证，有效地保证了"雪舫蒋"火腿的高质量和安全性。坚持"质量第一"的方针为公司带来了明显的经济效益，公司生产的雪舫蒋牌火腿在市场售价上高于同类产品 50%—200%。

由于吴荣仁在传承并维护百年火腿品牌"雪舫蒋"方面的卓越贡献，2008 年，吴荣仁被授予"浙江省第一批非物质文化遗产金华火腿传统制作技艺项目代表性传承人"称号。

[贰]金华市火腿行业协会的组织化传承

在金华火腿传统制作技艺的传承过程中，逐渐建立了良好的传承组织。这个传承组织概括起来就是以金华市火腿行业协会为协调单位，引领整个金华火腿行业的发展。金华市火腿行业协会目前的功能就是负责整个金华火腿行业的技艺培训与技艺比赛，开展技师资格认证，对行业进行监督管理，并协调火腿企业之间的关系，服务于金华火腿企业又引导金华火腿企业发展，实行行业自律。金华火腿生产企业以会员形式加入金华市火腿行业协会，接受金华市火腿行业协会的指导。

1995 年 2 月 6 日，为了解决金华火腿的商标问题，当时金华成立了金华市保护名牌协会，由倪志集任会长，龚润龙任副会长，郝志勇任秘书长。在 1995 年 2 月 14 日，举行了声势浩大的"还我金牌，还我商标"的万人签名活动。1999 年 9 月 1 日，倪志集、龚润龙、蒋正路、施延军四人成立了筹备小组，申请筹备金华市火腿行业协会代替 1995 年成立的金华市保护名牌协会。

金华市火腿行业协会于 1999 年 12 月 15 日正式成立，由倪志集担任首任会长，每届五年任期。当时，1999 年成立金华市火腿行业协会的主要目的是为了夺回被浙江省食品公司长期占有的金华火腿商标。金华市火腿行业协会第一任与第二任会长是倪志集，第三任会长是施延军，蒋正路则担任第一任与第二任秘书长。2010 年 6 月 24 日，金华市火腿行业协会第二届届满改选，由金字火腿股份有限公司董事长施延军担任第三届会长，目前金华市火腿行业协会秘书长是王富云。在这三届之中，龚润龙一直担任协会的高级顾问。

金华市火腿行业协会成立后，先后五次向国家商标评审委员会提出要求撤销金华火腿的商品商标，改注册为证明商标，并配合金华市政府积极申报金华火腿原产地产品保护。2002 年，国家质检总局批准实施金华火腿原产地产品保护，2007 年获准注册"金华市金华火腿"证明商标，《火腿春秋》一书出版。可以说，在金华市火腿行业协会成立的早期，通过协会的不懈努力，为金华火腿获得更多的法律保护作出了相当程度的贡献。

金华市火腿行业协会在应对重大突发的行业负面事件时，也起到了重要的行业自律与自我监督作用。2003 年，个别金华火腿厂家生产"毒火腿"事件被中央电视台曝光。人民日报社《华东新闻》2004年7月26日第三版发表曹玲娟的题为"金华火腿:一千两百年的金字招牌灭顶之后的涅槃"的文章,对"毒火腿"事件进行了分析与评论。2003年底,央视"每周质量报告"曝光金华永泰、旭春两家火腿厂在生产过程中,

金华市火腿行业协会参与编写的《火腿春秋》一书

用农药敌敌畏浸泡猪腿来防虫防腐。事件曝光后,社会反响极大,有一千二百多年历史的金华火腿,金字招牌摇摇欲坠。永泰、旭春两家火腿厂无疑是害群之马。"毒火腿"事件被央视曝光后,金华市迅速成立专项整治小组,全面展开行业整治。专项整治小组对金华全市火腿生产企业进行地毯式检查,查获并销毁使用有毒、有害物质生产加工的反季节腿1403只。2004年6月,金华"毒火腿"案在当地开庭审理,两名被告一人被判处有期徒刑两年,并处罚金两万元;一人被判处有期徒刑一年六个月,缓刑两年,并处罚金两万元。

为规范金华火腿行业的从业行为，维护金华火腿千年品牌，保障经营者和消费者的合法权益，金华市火腿行业协会及时发出以"谴责使用有毒物质生产、加工反季节腿，决不生产有违禁药物火腿，保证生产销售的金华火腿产品，使之符合食用安全和食品卫生要求"为主要内容的《金华火腿行业自律公约》。全文如下：

1. 严格贯彻执行《食品安全法》等法律法规，诚信为本，信誉为重，文明经营，自觉履行食品安全主体责任，完善食品安全诚信体系。

2. 积极参加有关部门和协会组织的宣传、教育和培训，不断提升从业素质和能力，提高科学经营和管理水平。

3. 积极配合各级政府监管部门及协会的监督和检查，自觉接受社会各界的监督和批评，及时向协会反馈有关食品安全经营信息。会员之间相互尊重，反对损人利己的行为，共同抵制行业不正之风，促进良性竞争，增强行业竞争。

4. 严格按生产标准和生产工艺规范组织生产。坚决杜绝瘦肉精猪腿、病死猪腿、注水猪腿、地沟油等用于火腿加工，加强火腿边角料处置管理，不以次充好，严禁使用一切有毒有害物质。

5. 对违反公约的单位和个人，采取批评教育、限期整改等措施，对屡犯不改的将采取内部通报、行业曝光、向政府汇报和开

除会籍等处理方式。情节严重的将建议政府监管部门给予吊销营业执照、生产许可证，直至移送司法机关进一步处理。

金华市火腿行业协会自成立以来，还通过金华火腿技工的培训与高级技师认证等一系列工作，做好传承人的培养工作。如在2013 年举办金华市金华火腿加工工岗位大练兵技能大比武竞赛，比武的内容主要分火腿加工理论知识和实践操作（修活刀、修干刀、分级等项目）两部分。大比武参赛对象为火腿加工工，参赛选手为十八周岁及以上、从事火腿加工工作的企业在职职工，报名时需提交上年社会保险参保证明。大比武在各县（市、区）质监局组织选拔的基础上进行。根据各地火腿企业状况，婺城、金东、兰溪、东阳可各选派两个代表队，开发区、义乌、永康、浦江、武义各选派一个代表队参加比赛。每个代表队由三名选手和一名领队组成。

2013 年 8 月，金华市火腿行业协会组织举办了火腿加工高级技师培训班。通过理论、实践操作考试和面试，并经过市火腿高级技师评审委员会评审，省劳动技能鉴定中心的公示、审定，确定张吉林等四十七人具有火腿加工高级技师任职资格。同年，金华市火腿行业协会还举办高级技师技能操作考核。其中操作分级考核为七十分。取一定量的样品火腿，按国家 GB/T19088—2008 地理标志产品金华火腿标准进行分级考核。面试为三十分，结合生产实际，依据他们在技术改造、工艺革新、技术攻关等方面的见解，由三名考评员分别评分。

关于技工与技师的评定，技工分为初级工（国家五级）、中级工（国家四级）、高级工（国家三级），技师则分为技师（国家二级）、高级技师（国家一级）。

2014 年 6 月，金华市火腿行业协会组织举办了金华火腿技师（技工）培训班。每次培训均有相应的培训教材汇编。从总体上来说，金华市火腿行业协会 1999 年成立于金华火腿商标争论的时候，可以说是成立于患难之际。后来，金华火腿商标争论问题基本解决，金华市火腿行业协会在其中发挥了行业协会应有的作用，这在金华火腿发展史上具有重要的意义与价值。之后，金华市火腿行业协会也一直指导引领金华火腿行业整体的发展，使火腿传统技艺的传承更加组织化、规范化。

[叁]企业传承与产业化发展

除了个人的个体化传承与协会的组织化传承，火腿生产企业也是金华火腿传统制作技艺的重要传承方式。相对而言，国内对于企业传承方式的研究很少。从整体上看，企业传承的规模更大，社会效应更强，在当今的非物质文化遗产保护中是典型的生产性传承、保护方式。

早在 17 世纪末，金华火腿主要以火腿行的私营企业方式出口海外。据《清代的浙江省海外贸易》一文记载，从浙江运到广州的有最上等的丝织品和纸，还有扇子、笔、酒、枣子和金华火腿，以及一种非常昂贵的上等茶叶——龙井茶。19世纪末到20世纪初，中国火腿生产迅速发展。1929年《工商半月刊》记载："火腿之生产地，遍及金华府所属各县，而以兰溪所产者为最多。查兰溪一县，有火腿行骏丰、无发、丁隆泰、赵一新、正记等五家、腿铺三十余家。东阳业腿者三百余家，义乌约三百家。金华、浦江、武义各百数十家，腿行雇工二三十人，小铺亦雇十余人，其营业之大，可见一斑，年产量共约九十四万至九十六万只。"在晚清民国时期，民间有"大大兰溪县，小小金华府"之说。因为，当时的对外贸易主要通过兰江的水道，经过兰溪向外输送，所以，当时兰溪的火腿行是金华地区最多的。东阳和义乌各有三百多家，是指做火腿的家庭，不是指火腿行。当时浙江的火腿厂商主要集中在金华所属各县和杭州市，而且民间腌户众多。

抗日战争时期，金华火腿生产一蹶不振。1949年只生产十一万余只。新中国成立后，除民间生产火腿、风肉外，国营商业的火腿生产逐步发展。1949年冬，兰溪县贸易公司在兰溪县城建立了全省第一个国营商业火腿加工场。1950年开始，东阳、义乌、永康、浦江等县国营土产公司也陆续创办火腿加工厂（场）。金华城区的永昌、恒丰、金泰、元生和元隆私营火腿行于1950年组织公私联营，定名为金联火腿产销合营处，年产火腿 2.4 万只。1953 年秋遭火灾，主厂房被毁，火腿产量急剧下降至 0.8 万只。1954 年，应私方经理要求，于当年 12 月成立公私合营金华火腿厂，合营后的第一年，火腿产量 1.8 万只。

1954 年金华火腿厂筹建，以此为标志，金华火腿自 20 世纪 50 年代以来，就开始从家庭作坊走上工业化生产，逐步实现了室内化生产与工厂化生产，产业化规模也扩大了。1954 年后，在武义、磐安、汤溪等县新建火腿加工厂。1956 年 7 月，原属于供销系统的火腿加工厂（场）全部归属食品公司。至此，全区大多数县均有火腿加工厂（场）。同年底，恢复生产东阳蒋腿 7341 只，浦江竹叶熏腿 2667 只。1961 年，火腿产量降至新中国成立后的最低点，为 1.11 万只。1962 年后，火腿加工量陆续回升。1979 年 9 月，金华地区行政公署提出"国营加工、社队加工和户腌腿同时并举"的方针，乡镇火腿加工企业获得广泛发展，火腿产量上升幅度较大。

1954 年 10 月，浙江省食品公司在金华召开了首次全省腌腊加工专业会议，经过讨论，制定了东阳、义乌、诸暨、永康、兰溪、淳安、浦江、温州、黄岩、衢州等十个产区的特级、一级、二级火腿质量指标。

20 世纪 80 年代，改革开放热潮兴起，金华火腿也走上了快速发展的道路。由于邓小平关注金华火腿，直接导致金华火腿的发展加快。1984 年 2 月 11 日，邓小平考察南方各省经济时路过金华，最关心的就是金华火腿。邓小平从火车上一下来，环顾金华站月台后，第一句话就问："怎么不见火车站卖金华火腿啊？"在场的地方领导不知如何回答是好。因为当时金华还不够开放，金华火腿仍由国营企业独家经营，不仅火车站不准卖金华火腿，整个市区也只有解放东路有一家国营火腿店。经邓小平这么一提，一年过后，金华火腿行业大变样：火腿生产百花齐放，火腿产量突破百万大关，火腿商店遍布金华城，呈现出一派欣欣向荣的景象。

20 世纪 80 年代以来，金华的农户们培养出了以"金华两头乌"为母本的杂交系，这种猪个头大，每头出栏的小猪重量在一百至一百二十斤左右，精肉含量更多，皮更薄。中猪长肉，大猪长膘，在中猪与大猪之间的猪肌肉丰满，香味最好。

自 20 世纪 80 年代以来，金华的火腿企业发展迅速，最有代表性的是浙江雪舫工贸有限公司和浙江金字火腿股份有限公司。

浙江雪舫工贸有限公司地处浙江省中部"中国火腿之乡"东阳，以生产传统品牌"雪舫蒋"火腿著称于世。"雪舫蒋"牌火腿始创于 1860 年，是百年老品牌，早在 1905 年的德国莱比锡万国博览会上就获得过金奖。公司现已成为一家集养殖、种植、研发、火腿及肉制品加工于一体的具有一定实力和知名度的省级骨干农业龙头企业、浙江省农业科技企业。为了获取优质、无公害的金华两头乌的原料腿源，公司在东阳市歌山镇陈联村建成总占地面积达 620 亩的金华两头乌生产基地——雪舫生态农业园区，建成猪场、果园、水库、藕田、苗木、饲料基地等农牧渔相结合的生态养殖小区。

金字火腿股份有限公司创办于 1992 年 8 月，2004 年被评为浙江省科技农业企业，公司主要生产"金字"牌金华火腿。公司于2010 年 12 月 3 日成功登陆深交所中小板（股票简称：金字火腿，股票代码：002515），成为全国火腿业内首家 A 股上市公司。同时，公司也是《地理标志产品：金华火腿国家标准》主要起草单位，也是国内首个发酵肉制品标准制定者，是目前业内唯一一家通过 GMP 认证（GMP 是英语 Good Manufacturing Practice 的缩写，中文译为"产品生产质量管理规范"）的企业。

由于领头企业的引领，金华火腿的制作越来越规范，很好地融合了传统与现代工艺，在传承基础上积极创新。

传统的金华火腿制作工艺的一些生产器具发生了改变，在明清时期，金华火腿在腌制过程中多在瓦缸中堆放一个月左右的时间，现在企业化生产则多在腌池内进行。原来在户外晾晒，受到天气的影响很大，如遇下大雨，往往来不及收腿，火腿表面会被淋湿，从而影响去水的过程。因此，传统制作火腿的过程具有不确定性，受到天气与温度的影响极大，生产的科学性也不强，主要靠火腿艺人世世代代传承的经验。而随着科学技术的进步，现在在金华市具有代表性的火腿企业里，可以看到常年温度控制在8℃左右的冷风库、温度高达30℃的脱水间。各车间的温度湿度都由温控室统一掌握调配，保持常年恒温，使制作火腿的方法更为科学，更为稳定。如今，制作火腿的卫生条件也有了大幅度的改善，以前做金华火腿，易招来苍蝇和蚊子，现在在火腿企业里，所有门窗都安装了防蝇防蚊虫的纱窗，减少了虫害。

2005年以后，金华的火腿企业通过了QS认证体系，使产品质量纳入国家质检总局的管理范围，从而走向更加规范化的食品发展之路。QS（Quality Safe）是食品质量安全的英文缩写，是食品质量安全市场准入标志，QS认证体系对生产场所有所规定，要求具备原材料仓库，成品仓库，生产、包装车间等场所，并要求具有必备的出厂检验设备如化验室等。根据规定，只有取得国家质检总局发放的食品生产许可证的生产企业，才能在经过强制检验且合格的食品上使用QS标志。在国家质检总局下发的实施QS认证的产品目录（第二批）肉制品中，就包括了中国火腿类产品。

代表性的金华火腿企业还通过了国际通行的符合HACCP食品卫生安全体系标准，HACCP（Hazard Analysis and Critical Control Point）表示危害分析的临界控制点，确保食品在生产、加

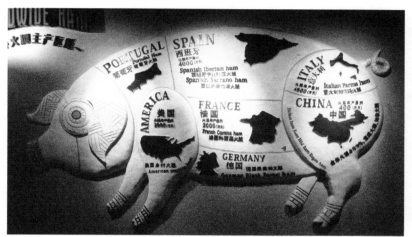

世界上出产火腿的七个国家

工、制造、准备和食用等过程中的安全，在危害识别、评价和控制方面是一种科学、合理和系统的方法，从而使金华火腿食品质量的控制更为科学化，管理上更上一层楼。

由于经济的全球化，全世界的火腿的制作技艺也在不断地相互交流。由于传统的金华火腿盐分高，因此，不适合炒着吃，要用炖或者蒸的方法才能体会到金华火腿的美味。现在由于受到国外低盐火腿与降低盐分摄入的新的生活方式的影响，金华火腿成品的含盐量也在逐渐下降，低盐火腿的生产也逐渐增加。其实，前面引述清代文献《本草纲目拾遗》中，讲到浦江有淡腿，就是茶腿，其实也就是低盐火腿。其中说是"不用盐渍"，可能是夸张了一些，应该是用很少的盐。这也说明传统的金华火腿中也有低盐火腿，只是在明清及民国时期，低盐火腿不是金华火腿的主流产品。

在全球化的背景下，人们对金华火腿这一传统品牌的自信心也在逐渐增强。金华火腿与其他食品相比较而言，不但色香味俱全，而且还特别有"形"。金华市火腿行业协会首任会长倪志集说，金华火腿形同一片竹叶或者一把琵琶。以前他对金华火腿的"形"理解不透，甚至认为把"形"作为金华火腿的特点有点牵强，但是到了意大利和西班牙考察、对比后发现：意大利火腿像圆圆的篮球，西班牙火腿就是笔直的一块肉，而中国的金华火腿外形美如琵琶，匠心独运，别具一格，像一件精雕细凿的艺术品。这也说明，只有在世界范围的视野中，才会对自己的传统产品有新的认识，否则有可能意识不到传统产品的价值。

但在讨论企业传承的方式时，有一个问题必须指出，也就是1956年金华火腿厂归属浙江省食品公司领导后，对金华火腿的发展产生了巨大的负面作用。龚润龙在《火腿情缘》一书的《为金华火腿请命》一文中说，浙江省食品公司经常扣压原料，限制金华火腿厂的发展，而且不同意恢复"修三刀"等历史操作工序，火腿厂每使用一块钱都要经过浙江省食品公司的批准，当厂长的还不如浙江省食品公司的一个办事员权力大，所以企业经营方式十分僵化。在计划经济模式下，这给金华火腿的发展带来不利的因素，后来就产生了金华火腿注册商标被长期占有的历史悲剧。因此，企业文化对于"非遗"项目的传承也具有至关重要的作用。

金华火腿传统制作技艺的保护与发展

金华火腿传统制作技艺要坚持本真性保护，并通过加强其文化内涵的研究和火腿风味方面的文化学研究促进其发展。

金华火腿传统制作技艺的保护与发展

[壹]本真性保护

本真性（authenticity）是"非遗"保护的第一原则，也就是说在"非遗"保护与发展过程中，坚持传统的核心技艺是第一要义，只有在坚持传统核心技艺的前提下，才可以谈技艺的适度创新，否则该"非遗"项目将失去其本来面貌。金华火腿的生产目前也是传统派与现代派两大风格，而"非遗"保护的是坚守传统的传统派。金华火腿生产的现代派就是引进德国、意大利等国的生产设备，在室内通过温控一年四季每一天都可以生产火腿，腿源也多样化。这种西式的制作方法并不是"非遗"保护的对象。"非遗"保护的是传统的在冬至之后采用传统方法制作金华火腿的技艺。

前文提到金华火腿制作技艺的三大核心技艺。这三大技艺中，低温腌制、中温脱水、高温发酵工艺传承得比较好。现在的金华火腿制作技艺还是原来的传统工艺，但是做出来的火腿却很难达到最好的质量，口味也大不如以前，其中一个主要原因就是"金华两头乌"数量减少。"金华两头乌"肌肉脂肪含量高，肌肉纤维细，味道香，口感好，是最适合加工为火腿的。但是这种猪有个特点，就是生长速度慢。一般普通的猪六个月就能出栏，两头乌却需要十个月才能出栏，所以当地老百姓养殖的积极性并不高。另外，由于养殖方法不规范，导致猪肉品质下降，市场上真正的两头乌越来越少。现在一般用杂交猪，或者外来进口的猪腿来做火腿，但要生产最好的火腿就要选用两头乌的猪腿，这就是金华火腿制作技艺的本真性保护。在这方面，"雪舫蒋"火腿坚持用"金华两头乌"的猪腿作为原材料，就保证了金华火腿制作技艺的本真性。对于正宗的金华火腿，其品质保证的首要条件就是采用金华猪或选用金华猪为母本配套系杂交和二元杂交商品猪的后腿制成。

另外一个核心技术因素就是气候。2001 年后，金衢盆地夏季的气温最高曾达 39℃，这是与以前不同的情况。在 2001 年中国加入世贸组织后，中国快速走向工业化，依靠外向出口型经济获得了快速的经济发展，但这些年来，金衢盆地的平均气温大幅上升，这给制作金华火腿带来极为严重的影响。以前在冬天低温腌制时，温度一般在 0℃—10℃之间波动，但由于工业化的发展，现在金华冬天的平均气温都在 10℃以上，天气太热就不适合在冬季腌制金华火腿。所以，当地政府应引导环保企业的发展，促使金衢盆地独特的自然气候回归正常。如果冬季气温过高，低温腌制这一环节就会受到影响。现在虽然引进了西方技术的冷藏室以降低温度，但要模拟真实的自然气候还是比较困难。

目前，金字火腿股份有限公司、金华火腿实业有限公司、浙江雪舫工贸有限公司、金华市邵万生泰康食品有限公司、浙江大江南食品有限公司等五家企业被确定为非物质文化遗产传承基地，在一定程度上很好地传承了传统金华火腿制作的核心技艺。

[贰]未来展望

2003 年，金华市部分厂家的"毒火腿"事件以及金华市与浙江省食品有限公司多年长期的商标诉讼，对于后来金华市为金华火腿腌制技艺申报 2006 年第一批国家级非物质文化遗产名录带来了极大的负面影响。最终金华火腿腌制技艺没有入选第一批国家级非物质文化遗产名录。后来经过努力，才最终入选 2008 年第二批国家级非物质文化遗产名录。将来经过社会群体的持续努力，以雪舫蒋为代表的金华火腿腌制技艺有望申报联合国教科文组织的"人类非物质文化遗产名录"或者"急需保护的非物质文化遗产名录"，从而进一步提升金华火腿的世界知名度。

2009 年 9 月，在阿布扎比召开的联合国教科文组织保护非物质文化遗产政府间委员会第四次会议上，委员审议并批准"人类非物质文化遗产代表作名录"，共有七十六个项目榜上有名，其中

中国二十二个，排名第二的日本有十三个项目。同时通过的还有
"急需保护的非物质文化遗产名录"，来自八个国家的十二项非物
质文化遗产列入该名录体系，中国泰顺的廊桥营造技艺名列其中。
该体系的建立是对"人类非物质文化遗产代表作名录"的补充和
完善，也有利于保护有生存威胁的非物质文化遗产。由于当代金
华火腿生产工艺吸收了一定的西方工艺技术，朝低盐、即食方向
发展，因此坚守传统工艺并拥有"中华老字号"品牌的金华火腿
生产厂家也可以向联合国教科文组织申报"急需保护的非物质文
化遗产名录"，从而确保传统核心技艺传承的本真性，使金华火腿
制作技艺免于生存发展的威胁。

作为国家级"非遗"代表的金华火腿还应加强其文化内涵方
面的研究，如中国的饮食文化风格的研究，特别是中国的煲汤饮
食传统。由于地区饮食消费习惯不同，金华火腿需求量也不同。
广东省对金华火腿的需求量大，很重要的一个原因就是广东人日
常生活中经常煲汤，这是具有中国特色的饮食文化传统，同时还
体现了中医的饮食养生特点。而西班牙、意大利等西欧国家有生
食干腌火腿的传统，这与中国完全不同，中国的金华火腿其实与
煲汤这一民族饮食传统有关。

另外，应进一步加深对于金华火腿的风味方面的文化学研究。
长期以来，对于金华火腿风味的研究集中在化学方面的科学认识

的探讨，对于风味的文化风格却少有分析。金华火腿属于传统干腌火腿，是自然发酵的肉制品，其生产过程均在自然条件下进行。传统干腌火腿经过了长时间的成熟过程，肌肉蛋白质和脂肪经历了复杂的生物化学变化，水解和氧化等反应过程形成的产物及次级产物共同形成了干腌火腿独特的风味。在这一过程中，腌制和发酵成熟是火腿生产的两道关键工艺，对火腿的风味品质起决定性作用，腌制和发酵这两道工艺是对金华火腿独特风味的有效保证。

一直以来金华火腿被冠以"腌制非健康"的标签，实际上这是一个巨大的误解，因此也需对消费者进行引导。金华火腿制作技艺主要分为上盐腌制和上架发酵两大主要技艺，腌制技艺只是金华火腿制作技艺的一部分，而且不是最主要的部分，最主要的部分是上架高温发酵技艺。金华火腿的工艺是先腌制后发酵，发酵时间长达六个月，而腌制时间只有一个月。包括金华火腿在内的世界三大名腿都是经过长期发酵的，金华火腿经过发酵所产生的氨基酸成分要比鲜肉高很多，营养成分更高，所以古人将金华火腿作为进补食品。而且通过发酵，火腿内几乎所有剩余的脂肪都在风干过程中变成油脂外溢，所以食用火腿不会令食者发胖。同时，因为金华火腿具有低胆固醇特性，常被列入体育运动员控制体重的食谱中。此外，经过发酵，蛋白质分解成多种氨基酸，营养价值高。

　　另外，中国火腿普遍含盐量高，一般高达 9%—12%，远远高于国外干腌火腿的盐含量（4%—5%），不利于直接食用，大多只能做调味煲汤用，因此限制了中国火腿的消费量。传统火腿存在干、硬、咸等缺点，于是低盐、生食火腿的开发能够成为肉制品新的增长点，促进中式火腿的生产发展。西班牙、意大利等欧洲国家历来就有生食火腿的传统。近年来，由于制作工艺技术的进步和卫生检验技术的完善，生食的卫生安全有了充分的保证。生食火腿以其特有的风味和丰富的营养赢得了很好的市场，具有较好的发展前景。金华火腿制作技艺在坚守传统的同时，也会逐渐开发出适合国际潮流的低盐、生食火腿。金华火腿这一千年品牌也将迎来更为美好的明天。

后记

　　在写作本书过程中，笔者采访了金华火腿行业相关的人员。金华市火腿行业协会秘书长王富云、副秘书长郭瑞山提供了相关信息。原金华火腿厂厂长龚润龙则提供其个人著作《火腿情缘》、《金华火腿加工技术》以供笔者写作时参考，国家级"非遗"代表性传承人于良坤则向笔者详细讲解了金华火腿传统制作技艺的基本知识，东阳雪舫工贸有限公司董事长助理陆永进陪同考察雪舫蒋火腿的传统制作工艺与两头乌生产基地，金字火腿有限公司宣传部的兰海波为笔者考察中国火腿博物馆提供方便，浙江金年食品有限公司董事长王伟强陪同考察金年火腿的生产情况。特向上述人员表示感谢。在此，特别感谢浙江师范大学浙江省文化厅"非遗"研究基地主任、浙江师范大学文传学院院长陈华文教授提供的写作机会，让笔者对金华火腿这一"非遗"项目有了更为深入的认识。

关于金华火腿，在本书写作过程中，笔者也形成了三点看法。

第一就是金华火腿不是腌制食品，而是发酵食品，其制作工艺主要由腌制、洗晒、发酵等环节组成，腌制时间只需要一个月，而发酵时间则在六个月以上。所以在 2007 年的金华火腿峰会上，当时肉类专家们提出金华火腿是传统发酵食品，不是腌制食品，腌制食品往往不需要发酵。但在当年申报第二批国家级"非遗"名录时，当时使用的名称却是"金华火腿腌制技艺"，而 2008年文化部批准公示的项目名称却是"火腿制作技艺"，实际上腌制技艺只是制作技艺的前期部分。也就是说 2007 年金华市在第二次申报国家级"非遗"时并没有及时吸取当时会议专家的意见，从而导致对项目本身的定位发生偏差。更为准确全面的表述应是"金华火腿制作技艺"。

第二是应提升民众对传统食品及其文化传统的认知度。金华火腿走出金衢盆地，成为当时皇家宫廷饮食是在明代初年。自明清以来，金华火腿逐渐成为全国有名的商品品牌，作为高档食材与高档礼品被社会广泛认可，并多为皇亲国戚、达官显贵食用。在民间，金华火腿往往是在病后与怀孕时作为进补食用，属于滋补品。金华火腿营养价值高，含有多种氨基酸，因其盐度高，所以主要采用煲汤及蒸食的方法，不适合炒食。但由于当代人生活节奏快，平时工作忙碌，对传统饮食缺少了解，从而导致对金华火腿的文化内涵缺少应有的了解。在当代，很多人买了金华火腿后也不知如何烹调，这其实是传统文化的式微，因而需要大力复兴传统饮食文化。

　　第三就是"非遗"项目的法律保护问题，特别是金华火腿的商标问题。二十多年的商标争论，对金华火腿的发展带来了巨大的负面效应，千年品牌在计划经济体制下被浙江省食品公司占有。到目前为止，浙江省食品公司仍拥用金华火腿的商品商标，金华拥有的只是证明商标。金华火腿实际上为全国的"非遗"保护提供了一个司法保护的个案，只是对于金华火腿的发展来说，其代价十分沉重。金华火腿是千年品牌，但在计划经济时期却成为一个悲剧性的传统饮食品牌，金华火腿进一步发展的道路还很漫长。

宣炳善

2014 年于浙江师范大学

责任编辑：方　妍
装帧设计：任惠安
责任校对：朱晓波
责任印制：朱圣学

装帧顾问：张　望

图书在版编目（ＣＩＰ）数据

金华火腿腌制技艺 / 宣炳善编著. —— 杭州：浙江摄影
出版社, 2014.11（2023.1重印）
（浙江省非物质文化遗产代表作丛书 / 金兴盛主编）
ISBN 978−7−5514−0741−0

Ⅰ. ①金… Ⅱ. ①宣… Ⅲ. ①火腿—腌制—金华市
Ⅳ.①TS251.5 ②TS205.2

中国版本图书馆CIP数据核字（2014）第223580号

金华火腿腌制技艺

宣炳善 编著

全国百佳图书出版单位
浙江摄影出版社出版发行
　　　　地址：杭州市体育场路347号
　　　　邮编：310006
　　　　网址：www.photo.zjcb.com
制版：浙江新华图文制作有限公司
印刷：廊坊市印艺阁数字科技有限公司
开本：960mm×1270mm　1/32
印张：6
2014年11月第1版　　2023年1月第2次印刷
ISBN 978−7−5514−0741−0
定价：48.00元